U0060049

絕對

中國製造的

58個

管理智慧

一部集中華文化數千年歷史所淬鍊出來的智慧精髓

系統性的歸納出58個亙古不變的黃金定律

是現代企業人絕地勝出的智典

王元平◎編著

前 言

　　如果要評選二十一世紀前幾年中國企業界發生影響最大的事件，麥肯錫兵敗實達無疑榜上有名。這個事件不僅出乎實達的預料，更震驚整個中國企業界。它使人們不得不面對這樣一個事實：西方頂級的管理智慧，未必能解決本土企業的管理問題。當西方的管理智慧失靈時，本土的企業應該如何應對呢？這是亟待解決的課題。

　　在很多人眼中，也許這個問題無解，但在中國數千年的傳統文化中卻可以找到答案，甚至可以用實際行動印證。其中，最傑出的代表就是聯想集團的領袖人物柳傳志。他把中國傳統的「中庸思想」運用於聯想集團的經營和管理上，創造許多奇蹟。

　　「中庸思想」是絕對中國製造的管理智慧，你可以說它土，說它不夠洋，但你不能否認它對於企業發展的指導意義，更不能輕忽它所蘊含的深奧管理哲學。因此，當企業傾慕西方管理智慧的同時，不要忘記古代先哲留下來的瑰寶。這些智慧博大精深，對企業的經營和管理具有重大的指標。

　　本書歸納了中國數千年歷史沉澱下來的管理智慧，於運用通俗易懂的語言闡釋這些偉大思想的同時，還列舉一些經典的案例當成佐證，使這些思想更容易被人接受。

　　為了證明這些管理智慧在商戰中具有普遍作用，除了中國企業界的事例之外，本書還精選世界各國的商戰事典以幫助讀者了解，在全球化競爭的今天，企業的領導人應該去除偏見，掌握中國傳統文化中的管理智慧並加以運用，才能使企業獲得更好的發展。

目錄
contents

目錄
contents

目錄
contents

目錄
contents

目錄
contents

1 圍魏救趙

‧典出

《史記‧孫子吳起列傳》

「魏伐趙，趙急，請救于齊……齊威王乃以田忌為將，而孫子為師，居輜車中，坐為計謀。田忌欲引兵之趙，孫子曰：『今梁、趙相攻，輕兵銳卒必竭於外，老弱罷於內。君不若引兵疾走大梁，據其街路，沖其方虛，彼必釋趙而自救。是我一舉解趙之圍而收弊于魏也。』田忌從之，魏果去邯鄲，與齊戰於桂陵，大破梁軍。」

圍魏救趙原意是指，為解趙國之難，圍攻魏國的都城大梁，而不是直接出兵邯鄲，避實就虛，達到救趙的目的。圍魏救趙是一種攻敵致勝的有效途徑。現代社會商場如戰場，競爭越來越激烈，每次失敗都可能使自己遭受莫大的損失。想要在競爭中取得主導地位，以最小的代價得到想要的結果，就必須避免與對手正面交鋒，採取「圍魏」的辦法取得「救趙」的目的。在商戰謀略中，圍魏救趙是十分高明的一招，只要能巧妙運用，必定能在商戰中屹立不搖。

事例一

柯達與富士之爭

在世界底片市場上，柯達（kodak）與富士（Fuji）的競爭相當激烈。富士先密切注意柯達的一舉一動，最後一舉爭取到奧運會的贊助權，佔盡先機。

柯達是美國國內最大的相機及照相器材、設備的生產公司，底片的銷售佔該公司營銷總額的65％。在長達二十多年的時間裡，柯達一直在日本銷售自己的底片，但銷售量卻比世界上任何一個國家都低，主要原因就是因為佔據了日本市場絕大部分份額的富士和櫻花兩家公司的競爭所致。

為了改變這種狀況，柯達在日本市場投入巨額的資金。在地毯式的廣告轟炸和大幅降價等一系列措施的推動下，柯達終於打開日本市場。富士面對對手這種強烈的攻擊，並沒有像其他公司一樣也跟著降價，而打算搶攻在洛杉磯奧運會的生意。富士決定不和柯達在日本市場「火拚」，而想辦法瓜分柯達在美國本土的市場，打亂其陣腳，進而收復失地。

洛杉磯奧運會的組織者規定在同一行業內只選一家企業作贊助廠商，富士認為這正是大挫柯達銳氣的大好時機。

富士公司按兵不動，暗中觀察柯達在奧運贊助權上的態度。不久，富士公司發現柯達太傲慢，自以為憑藉柯達在全世界的信譽，洛杉磯奧運會專用底片贊助商非他們莫屬，甚至認為，憑著柯達旺盛的銷路，不值得花四百萬美元在奧運

會上做廣告。富士看中這點，於是運用各種方法，終於取得
奧運會贊助權。富士認為它的產品一旦成為奧運會的專用產
品，等於是向全世界證明富士的實力，並佔有柯達在美國本
土的市場份額。最後，富士以七百萬美元得到贊助權。

　　得到贊助權後，富士立刻生產印製數十萬捲「奧運會專
有底片」字樣的新底片送往世界各地。富士甚至採取多種宣
傳手法，營造「富士就在身邊，富士的服務盡善盡美」的企
業形象。

　　柯達聞訊，不得不縮小日本市場，撥出遠比四百萬贊助
費更多的一千萬美元做廣告，開展聲勢浩大的宣傳攻勢，企
圖收復丟失的市場陣地。然而，富士已經牢牢掌握主導權
了。「圍魏救趙」之計，不但使富士收回被瓜分的日本市
場，甚至還在全世界樹立富士品牌。

事例二

范旭東智鬥「鹼王」

　　1918年，在范旭東的努力下，誕生了中國第一個製鹼
企業─永利製鹼公司。經過多次嘗試，1920年時，永利製
鹼公司終於生產出優質的「紅三角」牌純鹼，行銷海內外。

　　這時，身為「世界鹼王」的英國卜內門化學公司產生警
覺心，它像頭獅子，不允許別人從自己嘴裡奪食，更何況是
黃皮膚黑頭髮的中國人。於是卜內門化巨資搶佔世界各地的

市場，企圖扼殺「紅三角」於搖籃之中。范旭東冷靜地分析敵我雙方的形勢後，認為不應該和敵人硬碰硬，最後決定將「紅三角」導向日本市場，以解國內市場之危。

當時日本的三菱和三井兩大財團都想在商界執牛耳，競爭非常激烈。三菱有自己的鹼廠，三井沒有，只能依賴進口，而這正是范旭東希望看到的。於是，他與三井協商，委託三井在日本以低於卜內門的價格代銷永利產的紅三角牌純鹼。佔卜內門在日本銷量10%的紅三角純鹼，宛如一支奇兵，藉由三井財團遍佈全日本的龐大銷售網，對卜內門在日本的鹼市場展開猛烈的攻勢。

卜內門為了保住日本市場，不得不降價。但卜內門在日本的銷售量遠大於永利鹼，結果降價使它元氣大傷。卜內門首尾難顧，權衡利弊，發現保住日本市場，遠比在中國進攻永利重要。於是，卜內門透過在華經理李德利向永利表示，願意停止在中國市場的鹼價傾軋，希望永利在日本地也停止行動。

范旭東趁機提出條件，規定永利在中國市場銷售量為55%，卜內門則不得超過45%，並要求卜內門今後在中國市場上的鹼價如有變動，必須事先徵得永利同意。李德利無奈接受條件。

昔日趾高氣揚、不可一世的「世界鹼王」，終於在范旭東面前就範。這是「圍魏救趙」的另一壯舉。

2 以逸待勞

·典出

《孫子·軍爭篇》

「以近待遠，以逸待勞，以飽待饑，此治力者也。」意思是指在軍事戰爭中，不應與敵人爭鋒相對，而要採取守勢，養精蓄銳，等敵人疲勞後再果斷出擊，克敵制勝。

現代企業間的競爭越來越激烈，「以逸待勞」應用到商戰中，就是要避免與對手正面纏鬥，養精蓄銳地等對手經濟狀況或外部環境出現不利的因素，財力匱乏時，再給予重擊，將之擊潰。

事例一

福特以逸待勞勝對手

福特家族是美國汽車工業的創造者和奠基者，在創業過程中，克服無數艱難和挫折，才有今天的成就。

二十世紀時，福特家族又面臨一次打擊，汽車銷量急劇下降，當時正值美國汽車工業全面起飛的時期，各大公司紛紛推出色彩鮮豔的汽車，深受廣大消費者喜愛。福特卻還是

維持黑色的T型車，嚴肅而呆板。

　　福特公司的員工見黑色福特車已逐漸成為消費者的「棄婦」，心急如焚，於是紛紛向福特進言，希望能推出多種顏色的車，提高市場競爭力。然而，福特老闆卻只是微笑，幽默地說：「我們的黑色車比彩色車更耐看。」

　　事實上，福特早就在暗中設計新車，並且購買廢船拆卸後的零件煉鋼，降低新車的成本。福特認為現在趕製新車投入市場不划算，反而可能損失慘重。他們決定等車更完美後再伺機推出，一擊致勝。

　　1927年5月，福特突然宣佈停產T型車。消息一出，震驚各界，誰也不知道福特在想什麼。福特的做法引起新聞界極大的興趣，報上經常刊登有關福特的新聞，助長了人們的好奇心。這正是福特的目的。

　　時機來了。各車廠推出的彩色車因為激烈的競爭而利潤降低，各種宣傳手段更使財力困乏，無法提高車的品質，消費者對它們失去興趣。這時，福特正式對外宣佈，新的A型汽車將於12月上市。這個消息比宣佈工廠停工引起的震撼更大。結果，一炮打響A型車的知名度。色彩華麗、典雅輕便，而且價格低廉，再創福特公司的第二次高峰。

事例二

卡內基智鬥摩根

十九世紀末，美國的經濟命脈由三人巨頭主宰，即石油大王約翰‧洛克菲勒的標準石油公司，壟斷石油業；安德魯‧卡內基獨步鋼鐵業；而J‧P‧摩根控制一家大銀行和鐵路王國。

雄心勃勃的摩根，一心想制霸全美的鋼鐵公司，於是1898年時，毅然進攻卡內基的「鋼鐵王國」。他花2億美元併購美國中西部一批中小型鋼鐵公司，成立聯邦鋼鐵公司。然後，又令摩根集團旗下的全部鐵路，取消向卡內基鋼鐵公司訂購鐵軌及各種材料，藉以遏止卡內基鋼鐵公司的發展。

面對這些狀況，卡內基異常平靜。他知道自己的對手是美國最大的金融巨頭，正而迎敵絕對沒有好處。最後，他決定與摩根合併，但要讓他付出慘痛代價。於是，卡內基沒有出手反擊，並揚言要把鋼鐵、焦炭及其他有關的製鐵企業股票全部賣給莫爾兄弟。他知道以莫爾兄弟的經濟實力根本無法籌措出足夠的資金，這麼做的目的只有一個，就是混淆摩根的判斷力。

果然，與莫爾兄弟的談判無果而散。事後，卡內基又找到洛克菲勒，當然談判又流產了。而這時，摩根已經坐不住了，他可不想讓其他人買走卡內基的鋼鐵公司，於是決定不計代價收購卡內基的鋼鐵公司。

卡內基見摩根中計，立刻派人告訴摩根，要以時價的1.5倍賣出。騎虎難下的摩根，只好答應這項嚴荷的條件。結果，卡內基的資產頓時當時的2億美元升值到4億美元。多年後，摩根不得不承認，收購卡內基的鋼鐵公司是他一生最大的敗筆。

3 工欲善其事，必先利其器

·典出

《論語》

「工欲善其事，必先利其器」意指要先使工具鋒利，才能做好事情。

在發展迅速的現代社會，技術日新月異，資訊爆炸，很多企業疏於培訓員工，導致員工無法應付接踵而來的問題，企業因管理理念落後，最後失去競爭力。

「工欲善其事，必先利其器」應用在企業管理上，就是指要培養優秀的人才，投資人力資源，達到永續經營的目標。

事例一

邵逸夫開設訓練班

自從邵逸夫的《江山與美人》在香港一炮而紅後，國產電影才在香港真正站穩腳跟。邵逸夫認為只有拍出大量好的國產片，才能滿足觀眾的需求，但是公司已經心有餘而力不足了。因為要大量製片，就需要更多劇本和演員。邵逸夫發

現，很難找到適合的人才，於是決定設立訓練班，自己培養人才。

當時，邵氏影城計畫每年出品42部影片，約佔全港影片的一半。「工欲善其事，必先利其器」，為了挖掘和培養人才，邵逸夫舉辦「南國演員訓練班」，培養大批人才，像李菁、何莉莉、鄭佩佩、井莉、秦洋、方盈、李麗麗、王明、岳華、羅烈等電影界中堅分子。

有了人才，邵逸夫便如虎添翼，一路乘風破浪，終於創建「邵氏王國」。

事例二

三星—人才的寶庫

李秉哲在近50年的時間裡，歷盡風雨而屹立不搖，使「三星」從小本經營的貿易商行，發展成擁有24個大企業的國際性大財團。他曾說：「我的一生80%的時間都用在育才上。」三星的成功，確實得益於對人才的培養和任用。

李秉哲設立三星訓練中心，專門培養人才。訓練中心懸掛著李秉哲親筆題寫的「人才第一」匾額。每次召開主管會議時，他都會強調：「三星需要的是精英，只有集合所有精英的力量，才能發揮最大效用。」

李秉哲把培養人才當成企業之本，非常重視員工教育。他成立三星文化財團後，不久又以相當於在首爾重建一所大

學的代價，接收了因資金不足而無法繼續經營的大邱大學。1976年，又接收了成均館大學，大肆改革和擴建，同時還新建東邦研修所和三星綜合研修院。它們都是三星培養人才的基地。

李秉哲很喜歡引用「十年樹木，百年樹人」這句格言來比喻人才的重要性和培養人才的困難性。他明白，在現代社會中，所謂的企業競爭，其實就是人才的競爭。誰擁有傑出的人才，誰就能在激烈的商戰中屹立不搖。

4 李代桃僵

·典出

《樂府詩集·雞鳴篇》

「桃生露井上，李樹生桃旁。蟲來齧桃根，李樹代桃僵。樹木身相代，兄弟還相忘？」本意是指兄弟要像桃李共患難，相互友愛。應用在軍事上，則指在敵我雙方勢均力敵或敵優我劣的情況下，以小代價換取大勝利。這是一種「捨車保帥」的戰術。

在競爭激烈的商場上，企業經常陷入困難的境地，例如要建立良好的企業形象就必須投入大筆資金，要保全市場份額就必須在對方推出替代產品前更新產品。在魚與熊掌不能兼得的情況下，只能「兩利相權取其重，兩害相權取其輕」，顧全大局。

事例一

英代爾花巨資保品牌

1994年是英代爾公司發展史上最多災多難的一年，這全都要歸咎1993年推出的「奔騰（Pentium）」晶片。

自英代爾成立以來，一直在競爭中求發展。主管認為，只有快速地創造出新產品，才能保住公司的市場份額。於是1993年英代爾推出最新的「奔騰」處理器，行銷全球，但是噩運隨之而來。1993年2月，美國國際商用機器（IBM）公司宣佈，「奔騰」晶片在進行浮點運算時的出錯概率高達1/24，該公司決定停止出售使用「奔騰」晶片的電腦。客戶的投訴信也如雪片般湧入，英代爾的品牌遭受到巨大的威脅。

　　英代爾當時銷往全球各地的「奔騰」晶片約有500萬台左右，如果全部回收更換，約會損失20億美元，但不採取應對措施，就會嚴重打擊公司的形象，影響康柏電腦公司及IBM等大主顧的信任，並給AMD、NexGen、Cyrix等競爭對手反攻的機會。

　　兩害相權取其輕，英代爾面對這種情況決定接受消費者的要求，全面免費更換晶片，並保證對晶片的終身維修服務。雖然這次事件使英代爾受到巨大損失，但卻挽回商品信譽，讓公司能夠長久經營。

事例二 ～

保業姆經營有道

　　美國保業姆瓷器公司的老闆是一位中年婦人，她的經營之道令許多人自歎不如。她善於運用捨棄小的利益來獲取高

額回報的策略，使保業姆瓷器公司的業績蒸蒸日上。

保業姆瓷器公司有三條生產線。一條是高級線，生產高檔藝術瓷器，供富豪擺設和收藏之用；一條是中級線，生產中檔瓷器，供中高收入的人士欣賞、把玩；一條是下級線，生產低檔的普通家用瓷器。分析市場銷售狀況，結果發現，高級線賠本，下級線微利，中級線賺錢。

因此，有人建議，既然高級線賠本，下級線也無利可圖，不如撤銷這兩條生產線，擴大中級線的規模，賺取更多的利潤。然而，老闆卻不這麼想，她認為一個公司能否打入市場、佔有市場，關鍵在於知名度。如果有人賞識公司生產的高檔藝術瓷品，甚至被陳列在國家的博物館裡，就能增加知名度，如此一來，就能帶動中級和下級瓷器的銷售。於是，她堅持以高檔產品創立名牌，以低檔產品培育人才，保留這兩條生產線。

後來，果然如預期的打響保業姆瓷器公司的知名度，不只中檔瓷器訂量大增，就連高、低檔瓷器也是供不應求，躍居成為美國首屈一指的瓷業大王，產品更遠銷世界各地。

事例三

麥當勞日本虧本保信譽

1968年的某個晚上，麥當勞日本分公司總裁藤田，正在思考接受美國油料公司訂製300萬組刀叉的合約並於同年

8月1日在芝加哥交貨的事。

　　藤田請數家工廠生產這批刀叉，但進度延誤，預計7月中旬才能完工，再加上從東京海運到美國芝加哥路途遙遠，絕對無法如期交貨。藤田毅然決定租用泛美航空的波音707貨運機空運，寧願花費高額空運費，也要將貨物及時運到。

　　結果，如期交貨，使麥當勞日本分公司在市場中建立良好的信譽，許多廠商紛紛向藤田訂製餐具，帶來豐厚的利潤。

5 居善地，事善能

·典出

《道德經》

「居善地，心善淵，與善人，言善信，正善治，事善
能，動善時。」意指住在適合居住的地方，做能夠勝任的
事，讓自己處於有利的位置。

「居善地，事善能」應用在企業的管理上，就是給產品
或營銷適當的定位，使企業具有鮮明的特色，跳出同質化競
爭。在市場競爭越趨激烈的今天，這種做法不僅能夠使經營
者避開競爭，而且能夠另闢蹊徑，獲取效益。

事例·

金莎定位創新路

「金莎」巧克力剛進入香港時，知名度不高。金莎追求
的是高品味、高品質，不在小攤販銷售，而選擇了一家有品
味的高級代銷商，藉此確立金莎在消費者心中的形象。

在全港數以千計的商店中，最具霸主地位的是惠康和百
佳兩大連鎖超市集團，但是連鎖集團的入店條件十分苛刻，

貨品必須具有相當的知名度，同時要支付高額的宣傳費用，當成上市時店內的行銷之用。金莎衡量自己的情況：還未建立品牌知名度，也沒有雄厚的實力，很難進入大連鎖集團。

那麼選擇何種銷售管道，才能在價格、品質、陳列等方面反映出金莎獨特的定位呢？經過深思熟慮，金莎選定屈臣氏集團旗下的連鎖西藥房當成合作對象。

屈臣氏是以銷售高級化妝品、貴重小禮品、西藥及一些高級日用品為主的連鎖集團，服務對象主要是追求高品位、高品質的高收入消費階層。其形象、經營方針、定位等，與金莎有共通的特性，再加上該店當時約有50家分店，遍佈港九各區，自然成為金莎銷售的理想場所。

果然，金莎與屈臣氏一拍即合。在非傳統的商店以非傳統的陳列方式登場，金莎的知名度大增。

事例二

摩斯智鬥麥當勞

麥當勞是世界上最大的速食企業，分店遍佈全球，很少有競爭敵手，但是摩斯漢堡卻成功脫離麥當勞的陰影，日益壯大，在日本就已經設立超過1000家的連鎖店。其致勝法寶就是獨特的產品定位。

麥當勞服務迅速，店址通常選在人潮聚集的地方。摩斯漢堡無法與之匹敵。摩斯漢堡只能利用地點不佳的店鋪，以

固定的顧客群出戰。此外，摩斯漢堡的餐點都是現做的，需要時間，無法提供像麥當勞一樣迅捷的服務。為了彌補這些不利的因素，摩斯漢堡重新為產品找新的定位，開發適合日本人味覺的食品，完全不同於麥當勞的日式速食，結果，獲得空前的勝利。

摩斯漢堡以其特色產品和特定的顧客群，經營戰略一舉制勝，正是呼應了老子「居善地，事善能」的管理定位的重大意義。

6 事在四方，要在中央

·典出

《韓非子·物權》

「事在四方，要在中央，聖人執要，四方來效。」意指國君只需掌握要領，把四方之事交付大臣，就能把事情處理好。

即使經營者的能力很強，也無法以一人之力管理整個企業。經營者應該適當放權，才能總攬大局。

事例一

松下幸之助分權求發展

創建於1918年3月的松下電器公司，1933年時已經擁有多家工廠，生產多種電器產品。松下電器的負責人松下幸之助想要改變事必躬親的管理方法，以滿足企業不斷擴大規模、開發新產品的需要。

於是，松下幸之助開始改革內部的管理體制，在確立自己擁有「總裁」權力的前提下，賦予各分廠經理更多的權力，並將生產與行銷業務分門獨立，各部門負責人有權制定

該部門的業務計畫，獨立審核預算。松下幸之助根據各部門
負責人的業績任用管理人。

這種管理體制充分激發各部門管理者和員工的積極性，
各司其職的作風，使松下電器有飛躍的發展。後來，日本各
大企業紛紛仿效這種分權式的管理體制。

事例二 ~

比爾‧蓋茲合理授權

比爾‧蓋茲認為，善用人才的關鍵是合理授權，使其充
分展現自己的才能。

1981年，「微軟」已經控制PC的作業系統，並決定進
軍應用軟體這個領域。蓋茲決定把微軟公司變成不只開發軟
體，還具有營銷能力的公司。為此，蓋茲從肥皂大王尼多格
拉公司挖來一個大人物—營銷副總裁蘭德‧漢森。

漢森對軟體一竅不通，但他對市場營銷有豐富的知識和
經驗。於是蓋茲授權給他，讓他負責微軟公司的廣告、產品
服務，以及產品的宣傳與推銷，並任命他為營銷副總裁。

比爾‧蓋茲充分放權給漢森，而漢森也不負眾望，他建
議微軟公司各種產品都以「微軟」為商標，以期能產生光環
效應。不久，「微軟」這個品牌果然成為全球家喻戶曉的品
牌。

7 打草驚蛇

·典出

《酉陽雜俎》

唐代王魯任當塗縣令，搜刮民財，貪污受賄。某天，縣民控告他的部下主簿貪贓。他見到訴狀，十分驚恐，情不自禁地在訴狀上批了八個字：「汝雖打草，吾已驚蛇」。比喻言語或行為不慎，暴露目標，使對方有所警覺並加以防範，但把它當成計謀則正好相反，是指利用「打草」達到「驚蛇」的目的。

「打草驚蛇」應用在激烈的市場競爭中，也能夠得到理想的效果。在市場變化難測的情況下，巧妙地運用此計，可以探明市場對產品的潛在需求，預估市場的容量和發展的趨勢，降低經營的風險和決策的盲目性，同時增加消費者對產品的認識，使經營和銷售獲得成功。

事例一

克萊斯勒打草驚蛇渡難關

二十世紀八〇年代初期，美國克萊斯勒汽車製造公司，

為擺脫汽車市場蕭條的困境，突發奇想，要恢復已經被停產十餘年的敞篷車生產，藉此喚回老顧客的記憶，結果引起年輕一代的好奇，打破市場不景氣的局面。

這種敞篷車原本因不能安裝新開發的空氣調節器與立體收音機而在七〇年代被淘汰，取而代之的是五顏六色的小轎車。總裁艾柯卡無法確定重新生產這種敞篷車是否有市場、能否為公眾接受，而且此時克萊斯勒營運正處於低迷，不能負擔風險，於是為了慎重起見，艾柯卡請員工手工製造一輛色彩鮮豔、樣式奇特的敞篷小車，準備利用「打草驚蛇」之計，測試銷售反應。

艾柯卡親自駕駛這輛敞篷車，在小轎車（有車頂）的車流中來回穿梭行駛，吸引不少好奇者尾隨觀看。艾柯卡乾脆將敞篷車停在路邊，誰知立即被許多小轎車包圍，駕駛者表現出前所未有的興趣，很多人記下克萊斯勒汽車製造公司的位址和敞篷車的型號，打算訂購同款的車。艾柯卡的策略成功了，這證明敞篷車確實具有一定的市場。接著，他又把車開到停車場、購物中心等公共場所展示，果然又吸引了人潮圍觀，陸續有人上前詢問生產廠家和型號。

最後，艾柯卡決定大批量產各種樣式的敞篷車。消息一出，訂單就像雪片般飛來，第一年就賣出兩萬多輛，獲得豐厚的利潤。

克萊斯勒的「打草」，目的只有一個，就是「驚蛇」，即引起公眾的關注。然後，視市場行情大量生產。

事例二

通用咖啡的市場戰略

美國通用食品是一家以銷售咖啡為主的大型企業，經過八年的失敗嘗試，終於成功研製出新產品，亦即能夠保持原味的冷凍乾燥咖啡。

然而，這種新產品能否為市場接受而取代以往用「噴霧乾燥法」生產的普通咖啡還是未知數。美國通用食品不敢貿然量產，於是決定用「打草驚蛇」之計，以試銷的方法測試市場反應，觀察前景。

1964年5月至1968年5月，美國通用食品進行長達四年之久的試銷，銷量逐年增加，新產品越來越受歡迎。因此，第五年開始，美國通用食品就向市場大量投放這種咖啡新產品，最後冷凍乾燥咖啡終於取代以「噴霧乾燥法」生產的咖啡，成為市場的暢銷貨。

8 釜底抽薪

·典出

《為侯景叛移梁朝文》

「抽薪止沸，剪草除根。」原意是滅火降水溫，剪根使草枯萎。

「釜底抽薪」應用在商場上，主要是指在雙方對峙、僵持不下時，避免正面攻擊或硬碰硬，而要找出問題的癥結，解決根本原因，才能取勝利。

事例一

TO巧勝ICM

中東的沙烏地阿拉伯是石油王國，遍地石油，早在二十世紀的五〇年代，其石油產量就高達四千萬噸，佔世界石油產量的1/10。此後，每年又以五千萬噸至一億噸的速度增長，西方石油商人莫不覬覦這塊大餅。

ICM實業公司搶先進入沙特，以巨額的開採費用與沙特國王簽訂獨家開採沙特石油的合約，並約定開採出的石油由這家公司外運銷售。如此一來，ICM實業完全壟斷沙特石油

開採、運輸權，使得其他國家的企業只能望餅興嘆，碰壁而歸。

　　然而，ＴＯ石油發展公司認為ICM這堵高牆並非無法逾越。經過一番波折，ＴＯ石油取得ICM實業與沙特國王簽訂的合約影本。仔細研究合約，ＴＯ石油發現，合約上雖有開採出的石油應由ICM實業公司外運的條款，但這只是針對外國石油商家而言，並沒有禁止沙特國內的企業從事外運的條款。

　　於是，ＴＯ石油以此為據，對ICM實施「釜底抽薪」之計。ＴＯ石油派遣自己的工作團隊，以關心沙烏地阿拉伯的民族工業為藉口，與沙烏地阿拉伯國王進行長時間的密談，建議沙特組建自己的石油開採運輸隊伍，並表示ＴＯ石油願意提供資金、技術和船隊參股。沙特國王欣然同意，成立沙烏地阿拉伯石油運輸股份有限公司，股東是沙特國王和ＴＯ石油發展公司，新成立的公司擁有沙烏地阿拉伯石油海上運輸壟斷權。

　　消息一出，震驚各界，ICM實業頓時慌了手腳，他們知道石油只開採不外運，就無法獲取最大的利潤，但是局勢已定，無力回天了。

事例二

哈默智取「太平洋」

　　1961年，哈默石油公司在奧克西鑽出價值2億美元的
加利福尼亞州第二大天然氣田。數個月後，哈默石油又在附
近的布倫特伍德鑽出蘊藏量豐富的天然氣田。雖然哈默石油
的資產、規模因此而壯大，但與實力雄厚的大石油公司相
比，還是「小巫見大巫」。也因此是名不見經傳的小公司，
所以當哈默石油親自拜訪太平洋煤氣與電力公司，欲與其簽
訂20年的天然氣出售合約時碰了一鼻子灰。

　　太平洋煤氣與電力公司並沒有把這個剛起步的石油公司
放在眼裡，他們聲稱已經投入巨資準備從加拿大的艾伯格到
三藩市的海濱區修建一條天然氣管道，將大量的天然氣從加
拿大輸送到美國。

　　受挫的哈默石油並不氣餒，鎮定地想出「釜底抽薪」的
錦囊妙計。

　　洛杉機市是太平洋煤氣與電力公司的客戶。哈默石油到
該市的議會發表自己的計畫：從拉思羅普修築一條天然氣管
道，直達洛杉磯市，他將以比太平洋煤氣與電力公司及其他
任何公司更便宜的價格供應天然氣，而且提早供應天然氣，
讓市民在近期內就能使用便宜的天然氣。洛杉磯市議會立刻
表示同意。

　　太平洋煤氣與電力公司頓時失去大顧戶，再也不敢小覷
哈默石油，而是放低姿態希望能與其合作。在這場競爭中，
哈默石油憑藉智慧和經驗，巧妙運用「釜底抽薪」之計，戰
勝對手，贏得勝利。

9 狡兔三窟

·典出

《戰國策》

「馮諼曰：狡兔有三窟，僅得免其死耳。君今有一窟，未得高枕而中臥也！請為君復鑿三窟！」意思是藏身之處很多，便於避禍。

商場競爭很殘酷，處處是陷阱。若只營銷某個產品，容易一條直巷子走到底，遇到困境時沒有挽救的餘地，導致「一個浪頭過來就翻船」的後果。「狡兔三窟」應用在企業管理上，就是要採取多元化的經營方針，分散風險。這樣才可以安然地渡過危機。

事例一

包玉剛建立綜合商業王國

包玉剛成為「世界船王」後，並沒有一味地沈浸在喜悅之中，他同時還看到勝利光環後的隱憂，即單一的航運業經營模式。若世界航運遇到不景氣，一定無法渡過難關。於是在航運公司正鼎盛興旺時，他做出一個令讓人驚訝的決策，

即減船登陸，採取多元化經營模式。

　　某個產品因不景氣而出現虧損時，可以由其他產品的盈利來填補，這樣才能在商場之中穩如泰山。包玉剛深諳這個道理，於是，1980年6月21日，他以21億美元收購九龍倉。九龍倉經營的業務包括碼頭、酒店、有軌電車等，為包玉剛的多元化戰略邁出第一步。首戰告捷的包玉剛又將目光對準會德豐。會德豐是香港著名的綜合性企業集團，主要從事地產、船務、零售業、製造企業及貿易等業務。1985年3月5日，包玉剛憑藉雄厚的資金，取得會德豐50.1%的股份，控制會德豐，擴大業務範圍。

　　後來，包玉剛又成功地參股渣打銀行，收購港龍航空公司，使其業務擴展至金融業和航空業。在短短的十幾年時間，包玉剛把一個單純經營航運業務的海上王國，變為經營航運、倉儲、碼頭、交通、房地產、金融、航空等業務的綜合性商業王國。

事例二 ᴄ

惠普公司的多元化發展策略

　　二十世紀五〇年代，惠普公司已是美國電子儀器製造業主要部件的最大供應商，但這時惠普的產業結構還很單純，電子儀器的部件數每年增長速度僅為6%，發展緩慢，迫切需要向多元化產業方向進軍。

針對這種情況，1961年，惠普成立了一個分支機構惠普同仁公司，主要從事固態電子學的研究和開發。六〇年代中期，惠普兼併了F・L・莫斯利公司，正好填補惠普的X-Y答錄機及其他儀器的產品的空白。另外，惠普還以換股的方式成功收購桑伯恩公司，使它的業務擴展到醫療界。後來，又兼併一家較小的公司（F&M科學公司），使惠普輕鬆地打進化學分析儀器領域。

　　短短幾年時間，原本高度集中、產品線狹窄的惠普，發展成為一個集團。不論是規模或多樣化方面，都成功地擴充。公司經營風險降低，發展空間更廣闊，走向成功的通路也更寬暢。

10 瞞天過海

·典出

《三十六計》

第一套勝戰計第一計「瞞天過海」。瞞天過海是一種示假隱真的疑兵之計，藉著戰略偽裝以達到出其不意的效果。

想要在商場競爭中獲勝，採取此計往往可以克敵制勝。所謂「瞞天」，就是製造假象，隱瞞真實的經營意圖，麻痹對手，然後趁機出擊，爭取主動，達到「過海」的目的。

事例一

神部滿之助「瞞天」大發展

二次大戰後的日本，百廢待興，而由於人們都在重建家園，所以建築業更是繁榮。當時，日本公認的五大建築公司是鹿島、大成、清水、大林和竹中，而神部滿之助的間組建設公司則名不見經傳，生意蕭條。

神部滿之助認為，如果不能被當成前幾大企業，有礙公司的發展，於是他使出一招瞞天過海的計策。

日本各大報社先後收到間組公司一大筆廣告費，間組公

司只有一個要求，五大公司刊登廣告時，落款加上間組公司，間組公司刊登廣告時，也列入五大建築公司之名，而在新聞報導、評論等一切見報的文章中，凡提及建設業的大公司時，把以前的「五大建設公司」改為「六大建設公司」。

廣告登出後，間組公司知名度水漲船高，儘管同業明譏暗諷，但一般人並不知情，於是慕名而來者絡繹不絕。間組公司的業務扶搖直上，規模逐漸超過一些原來在其上的公司。三年後，間組公司終於名符其實地成為日本第六大建築公司。

事例二

「恩美力」巧奪市場

二十世紀六〇年代，台灣奶粉市場競爭異常激烈。其中，味全公司囊括了絕大部分市場份額，而惠氏的「S-26」則佔25%，亞培的「恩美力」僅有3%的份額。為了瓜分「S-26」的市場，亞培公司放出一條假消息：男孩吃「S-26」，女孩吃「恩美力」。這個「瞞天」的假象立刻使「恩美力」的市場佔有率由3%提高至7%，而且還在持續上升。

事實上，兩種奶粉的成分差不多，只是「S-26」的包裝看起來比較男性化，而「恩美力」的包裝看起來比較女性化。但正因為這樣，假消息強化了消費者的錯覺，使得「S-26」的銷量急遽下降。當惠氏請專家來證明奶粉不分男用

或女用時已經太遲了，人們早已經認同既有的觀念。

亞培的「恩美力」之所以能夠在台灣奶粉市場「三分天下有其一」，應該歸功於這個瞞天過海之計。

11 事斷於法

·典出

《韓非子》

「大君任法而弗躬,則事斷於法矣!」意指君主不親自處理事情而任用法令執行,那麼事情的決斷全要依法而行。

在市場競爭越來越激烈的今天,企業管理制度不完善而導致虧損甚至倒閉的事例屢見不鮮。經營者要想使企業發展壯大,必須建立完善的管理制度,並確實地執行它。

事例一

麥當勞的「統一」管理制度

麥當勞速食王國的連鎖店遍及全球,實行統一商號、統一採購、統一配送、統一管理、統一信貸、統一核算、統一經營方針、統一廣告宣傳、統一售價和統一服務規範等十項經營策略。麥當勞是如何做到的呢?麥當勞王國的國王雷蒙德尼J羅克表示,是靠自始至終堅決依照制度管理。克羅克給對所有連鎖店訂下四條店規,即OQCV旎質量、服務、清潔、價值。

　　質量是首位。麥當勞訂定從選料到加工製作的一套完整詳細而精確的規定。例如明文規定，製作麥當勞的優勢產品牛肉餅時，必須用100%的純牛肉，成分為83%的牛肩肉和17%的上等五花牛肉，不能混入其他雜肉。每塊牛肉餅重106盎司，一磅牛肉必須做十個牛肉餅，每個肉餅的直徑為3.875英寸，厚度為0.222英寸。這種做法不僅確保品質，還能將各連鎖店的食品統一化。

　　服務是佔領市場的重要因素。麥當勞總裁克羅克規定，服務必須做到：快捷、周到、美麗。速度是速食的精髓，例如得來速。周到，例如飲料瓶蓋上已經先劃上十字切口，方便插入吸管。至於美麗，所有員工都穿制服，統一訓練應對及儀表語態，而且必須保持笑容。因為美麗的服務是贏得顧客好感的保證。

　　清潔是文明的體現，這已經成為麥當勞響亮的口號。洗廁所、倒垃圾，是新員工上崗前的必修課。克羅克認為，中產階級很在乎店裡衛生狀況，而他們正是麥當勞最主要和穩定的客戶。

　　物有所值，價格穩定，是麥當勞的第四大店規，也是它吸引客戶的一大法寶。克羅克宣稱：「麥當勞只賺該賺的錢，絕不貪心。」價格穩定及廣告效果，吸引越來越多的顧客。

　　麥當勞嚴格、完整的管理制度，使擁有數千個連鎖店的麥當勞王國運行自如，獲得空前的成功。

事例二

通用電氣公司的管理制度

自從創立以來，美國通用公司一直很重視品質管制。尤其是在1963年，各個生產部門推行一種叫做「零缺點管理」的全面品質管制方式。

所謂「零缺點管理」，就是依靠企業內每個員工的自覺自律，把工作上可能發生的錯誤降低到零，增加產品的質量和可靠性，並且使成本降低，如期交貨，提高競爭力。「零缺點管理」強調的是事先防止發生差錯，一次完成，就能達到質量高、成本低、時間短的管理效果。做錯再修正，即使結果沒有缺點，也不是真正的「零缺點管理」。

通用電氣認為，檢查和改正的過程會增加成本和時間，影響產品的質量。「零缺點管理」強調從人的內心深處鼓舞員工在事前消滅缺點。因此，強調要啟發員工對產品質量的責任心，改變員工「人難免要犯錯誤」的想法，充分發揮人的潛能，增加企業內員工之間的交流，並用獎狀、獎金等辦法鼓勵員工。

通用電氣不僅在生產部門，在公司的各個部門都推行這種「零缺點管理」的方法，結果成績斐然。

12 聲東擊西

·典出

《太公六韜·兵道》

「欲其西，襲其東」意指造成一種逼真的佯攻假像，達到迷惑敵人，出其不意，消滅敵人的目的。

商戰之中，競爭激烈，關係錯綜複雜，經營者應該善加利用自身優勢製造假象「聲東」，隱藏真實意圖，轉移消費者或競爭對手的注意力，在產品研製、生產及市場促銷等方面居主動地位，達到「擊西」的效果。

事例一

前蘇聯巧計騙波音

二十世紀七〇年代，前蘇聯急切地想發展自己的航太事業，但是技術水平不夠。聰明的蘇聯人便想出「聲東擊西」的妙計來「騙」取美國飛機製造公司的技術秘密。

1973年，前蘇聯人在美國放消息，表示打算挑選美國一家飛機製造公司為前蘇聯建造世界上最大的噴氣式客機製造廠，該廠建成後將年產100架巨型客機。如果美國公司的

條件不適合，前蘇聯就轉而與英國或聯邦德國的公司做這筆價值3億美元的生意。

美國的波音飛機公司、洛克希德飛機和麥克唐納的道格拉斯飛機公司等三大飛機製造商聞訊，都想搶接這筆大生意。於是，背著美國政府，分別跟前蘇聯私下接觸，前蘇聯方面則在它們之間周旋，假裝讓它們競爭，以滿足自己的條件。

波音公司為了搶到這筆生意，首先沉不住氣地答應蘇聯方面的要求，讓20名前蘇聯專家到飛機製造廠參觀考察。前蘇聯專家到波音的製造廠房拍攝成千上萬張照片，不僅在飛機裝配線上仔細考察，還鑽到機密的實驗室探寶，最後帶走許多技術資料。前蘇聯甚至為了這次考察專門製造一種皮鞋，這種鞋可以吸附金屬材料，把飛機零件上削下的金屬屑帶出工廠，因此窺得製造合金的秘密。波音公司最後只能望洋興嘆，懊悔不已。

前蘇聯人故意放風聲，目的是為了「聲東」；取得製造飛機的技術資料，則是「擊西」。

事例二

「寶潔」與「克奧」之爭

「寶潔」和「克奧」一直是洗髮劑市場上的競爭敵手。日本的克奧以克奧系列洗髮香波和護髮素聞名於世，而美國

的寶潔則以去頭皮屑洗髮精和二合一洗髮精獨領風騷。寶潔和克奧正好同時對自己原有的產品感到不滿意，而且都看中「維生素B」這種護髮元素，希望以此來開發新產品。

雙方知道對方在開發同一種新產品，都想搶先上市，以取得先聲奪人的聲勢。寶潔為了在競爭中取得勝利，想出「聲東擊西」之計。寶潔先到幾個大地區舉行舊品牌二合一洗髮精的大型促銷活動，當成幌子「聲東」，讓克奧產生錯覺，以為寶潔研製不出新產品，而以舊產品為主打品牌，鬆懈克奧的戒心，使其延緩開發新產品的時間。

克奧果然被寶潔的表象迷惑，誤以為寶潔會以舊產品為主打品牌，於是決定將新產品開發延續一個月，等新產品盡善盡美後再推出。

不料，克奧在這時卻突然收到一個晴天霹靂的消息，原來寶潔已經在各大地區推出「維生素B」型新產品。等到醒悟，為時已晚。

13 金蟬脱殼

·典出

《孫子兵法·混戰計》

本意是寒蟬在蛻變時，本體脱離皮殼而走，只留下蟬蛻還掛在枝頭。

現在商戰激烈異常，很容易就會陷入困窘的境地。這時候要想擺脱困境，經營者就要故意顯「形」，以假象迷惑對手，掩飾真實的意圖，瞞過對手脱身逃遁，以後才有東山再起的機會。「金蟬脱殼」應用在企業管理上，通常是指改變大方針擺脱困境，以新的面貌面對新市場，例如產品轉型、市場轉移等。

事例一

「波音」轉型做客機

美國波音是著名的飛機製造公司，它是以製造金屬家具起家的。一次大戰期間，波音生產的C型水上飛機頗得美國海軍青睞，使以專門生產軍用品的波音獲得豐厚的利潤。

然而，好景不長，戰爭結束後，美國海軍取消了尚未交

貨的全部訂單。整個美國飛機製造業陷入癱瘓狀態。波音也不例外，陷入「死亡飛行」之中。面對這樣的困境，波音並沒有意志消沉，反而仔細分析了原因，認為軍用機已不行銷，但民用飛機卻是一個潛在的大市場。

波音認為，隨著現代社會的發達，人們的生活節奏也日益加快，而在運輸業中，飛機是最適合時代節奏需要的，它的速度遠勝其他運輸工具。於是，波音進行產品轉型，把原來的軍用機全部改成民用飛機推向市場，結果反應很好，訂單逐漸增加。波音終於從過去只生產軍用機的舊殼中脫穎而出。

戰後經濟的復甦刺激了民川機的需要，波音的「金蟬脫殼」，不但使自己跳脫困境，還有了長足的發展。

事例二

李嘉誠「脫殼」九龍倉

李嘉誠身為華人世界首富，之所以能夠馳騁商場數十年，所向披靡，就是因為他有過人的商戰奇計。

二十世紀七○年代，李嘉誠只是一個剛崛起的地產商，他如雄鷹般以銳利的目光掃視香港的每一寸土地，尋找可以搜取的食物。終於，他看中了九龍倉。英資的怡和洋行是九龍倉股份有限公司的大東家，但實際上佔有的股份還不到20％。這說明怡和在九龍倉的基礎薄弱，有可乘之機，而且

九龍倉的地價寸土寸金。於是，李嘉誠決定進攻九龍倉。

李嘉誠悄悄地買進九龍倉的股份，可是當股份達到18％時，股價已由每股10港元飛速上漲到30港元，這引起怡和洋行的警覺。怡和洋行立刻以高價進行反收購，因為它財大氣粗，使剛出茅廬的李嘉誠陷入困境，李嘉誠認為繼續拚鬥下去吃力不討好，決定急流湧退，採用金蟬脫殼之計把股票轉賣給船王包玉剛。這樣不但不會使18％的股份落入英資之手，而且還由明入暗，讓怡和洋行以為李嘉誠已經放棄收購而鬆懈戒心。包玉剛果然不負厚望，一舉收購九龍倉，成為華資進軍英資的第一個里程碑。

這一戰中，李嘉誠知難而退，退中獲利，而且還集中精力收購和記黃埔，既富了自己，又賣了人情，這一計「金蟬脫殼」著實高明。

14合衆弱以攻一強

·典出

《韓非子·五蠹》

「從縱者，合衆弱以攻一強也，而衡者，事一強以攻衆弱也。」戰國中後期，秦國逐漸強大，為防止被秦國兼併，蘇秦曾遊說燕、趙、魏、韓、齊、楚等六國，建立起六國合縱以攻秦的聯盟。這一聯盟曾有效地阻止了秦國入中原擴張兼併達15年之久。

合縱是一種應對危險的有效方式。在市場競爭越來越激烈、市場風險越來越大的今天，任何一個企業都很難獨自應付風險和競爭，這時尋找與企業具有互補性資源的合作夥伴，建立戰略聯盟相當重要。建立戰略聯盟不僅可以使企業迅速在市場中站穩腳跟，為市場提供更優質的產品和服務，還可以減少融資和開發風險，制約並削弱競爭對手。現在的市場競爭已不再是企業與企業之間的競爭，而是價值鏈與價值鏈間的競爭、聯盟與聯盟間的競爭。所以建立優質的戰略聯盟是任何一個企業在市場中立足，走向卓越的關鍵所在。

事例一

微軟與英代爾的Wintel聯盟

　　儘管微軟和英代爾都是各領域的佼佼者，但它們認為仍然有結成聯盟的必要，因為各方所具有的資源有極大的互補性，聯盟將會使兩家公司更強大。後來的事實也證明了這一點。微軟生產的軟體，因為有英代爾集成晶片的支援，使用起來更安全可靠。同樣的，英代爾晶片也因為微軟軟體的熱銷而獲得更大的市場份額。

　　這種戰略聯盟不僅在短期內促進雙方的發展，在較長時間內這種促進作用更加明顯：當微軟推出功能更強的軟體後，英代爾集成晶片的需求量就迅速上升；英代爾生產出速度更快的集成晶片後，微軟的軟體因有了更好的載體而顯得更有價值。在Wintel聯盟支持下，兩家公司一舉佔據了世界電腦業的大半江山。

事例二

Enron公司的重生

　　當壟斷地位被打破而面臨自由市場競爭時，位於休士頓的天然氣及電力公司—Enron公司面臨一連串的問題：首先要爭取能源消耗大戶，公司必須取得更廉價的電力並減少損

耗以降低價格。其次，要安裝節能照明設備和IIVAC能源供應系統，這樣可以為一部分客戶每年節省100萬美元，提高競爭力。

此外，公司還需要建立一套監控用戶耗電量中心即時控制系統，有效地操作上述複雜的系統。Enron知道建設中心即時控制系統並非自己的專長，如果自己做，會花上幾年的時間和龐大的資金。最後，決定與摩托羅拉、ABB等幾家公司合作，集結各自擅長的技術、知識：摩托羅拉設計無線數據機和無線電傳輸器，ABB製作電錶，Enron則只負責開發資料收集軟體。

結果，Enron不僅鞏固了資料收集軟體發展方面的核心能力，而且具備了為加利福尼亞的數十家大客戶提供優質服務的能力。相對於之前的窘境，現在的Enron無異獲得新生，而這一切均得益於戰略聯盟。

事例三 ✍

日本電腦業與IBM分庭抗禮

當IBM打入日本市場時，日本的電腦產業落後美國二十年。面對這種強大的對手，在日本政府的協助和支持下，日本開發銀行和其他銀行都以低利率向日本電腦廠商提供信貸，以保證日本公司在國內市場的競爭力。如此一來，IBM不只是與日本電腦廠家對抗，同時還要與日本政府競爭。

隨著電腦產業的逐漸成熟，1970年IBM推出370系列大型主機，橫掃日本市場。為了集中日本電腦產業的資源以共同對付勁敵，日本電腦廠商組成三大戰略集團，即富士通與日立集團、三菱與沖電氣集團、NEC與東芝電器集團。

　　另外，各戰略集團還被賦予明確的分工：富士通與日立集團的主要作戰方向是開發能與IBM相容的大型電腦主機；三菱與沖電氣集團集中資源研製較小型的能與IBM相容的電腦；NEC與東芝集團的主攻領域則是設計出與IBM不同的電腦系統，希望能夠獨樹一幟。三大集團形成一個聯盟，在國際市場上與IBM分庭抗禮。

　　電腦戰略集團在日本政府大力協助下，經過各廠商的合作與競爭，實力不斷增強。到二十世紀八〇年代中期，日本電腦產業的水平與美國的差距大幅縮小，成為國際市場上IBM的強勁對手。

15 欲速則不達

·典出

《論語·子路》

「無欲速，欲速則不達。」意指一心求快，反而容易弄巧成拙。

現代企業的經營也一樣，不可一味地急功近利。俗話說：「羅馬不是一天造成的。」企業的成功，需要付出艱苦的努力，絕非一、二天可以達到。在企業發展的道路上，經常要面對各種誘惑，若經營者沒有足夠的耐力和毅力，急於求成，輕率行事，不但難以達到目標，還有可能前功盡棄，付出慘痛的代價。

事例一

三株的衰落

成立於1994的三株公司，資本額只有30萬元，但1997年底，其淨資產已高達48億，4年間成長一萬六千倍，而且資產負債率為零，這是其他企業望塵莫及的，令人瞠目結舌。然而，1998年時，三株這個保健品行業的龍頭

老大卻突然倒閉，式微之快也令人驚訝。

其實，冰凍三尺非一日之寒，在三株快速成長的同時，企業管理上已經存在很多的隱憂。從根本上來看，三株的成長速度超過極限，增加企業組織存在的缺陷。過度的市場投機心理、職員流動率高、過高的廣告營銷費用、不理性的投資決策、運動化的管理等，使得三株搖搖欲墜。

欲速則不達，三株受不了一時利潤的誘惑，盲目擴大生產規模，結果留下種種禍根。

事例二

秦池標王之喪

1990年3月，秦池酒廠在山東省濰坊市臨朐縣設立公司。經過五年的經營，1995年秦池酒廠實現利稅3588萬元。同年，秦池斥資6666萬元奪得1996年中央電視台的廣告「標王」，成為標王之爭中的一匹黑馬，為給秦池帶來豐厚的利潤，使秦池得到長足的發展。

然而，秦池並未注重提高產品質量，缺乏對白酒市場的現狀和前景分析，盲目地擴大生產規模，而且為了滿足市場需求，秦池酒廠用從四川購得的原酒勾兌白酒銷售。雖然勾兌是白酒行業普遍採用的一種生產方式，所購原酒也經專家嚴格挑選，但也因此埋下隱憂。

接著，秦池又以3.2億元的天價奪得1997年標王。正當

秦池期待著「標王」效應再為他們帶來滾滾財源時，新聞媒體卻披露秦池大量勾兌白酒出售的事實。結果，秦池的酒銷量急劇下滑，產品積壓，但是投標花了大量資金，秦池已經沒有能力打破僵局，只得承受極大的損失。

秦池的發展走進了「欲速則不達」的禁區，為了快速發展，不嚴格把關質量，當然會名利雙失。

16 混水摸魚

《三十六計 · 混戰計》

「乘其陰亂，利其弱而無主。隨，以向晦入宴息。」本意是指在混濁的水中，魚因看不見而暈頭轉向，乘機下手，可以順利捕獲。

「混水摸魚」是一種出奇致勝的方法，可以應用在企業的經營戰略之中。經營者應該先掌握市場運作的規律，熟知該產業的情況，再決定執行方向。唯有先熟知「水」，才能不著痕跡地將水「弄混」，使市場形勢不明朗，然後再乘機「摸魚」，從中謀利。

事例一 ✑

珠寶店以假亂真贏大利

1985年，倫敦報紙上刊登了轟動英國乃至全世界的新聞：查理斯王子和戴安娜王妃即將舉行婚禮。這時，倫敦某家小珠寶店為此欣喜若狂，當然不是為慶祝別人盛大的婚禮，而是想到賺錢的法門。

　　珠寶店老闆打算利用人眾專注王子王妃婚禮的心理，導演一齣以假亂真的廣告劇，一定能夠混淆視聽，大賺一筆。於是，他重金聘用一位長得像戴安娜王妃的年輕女子，從服飾、髮型到神態、氣質都刻意進行訓練。等到看不出破綻後，老闆暗示電視台記者：明晚將有英國最著名的佳賓光臨自己的珠寶店，採訪這則新聞的條件是電視中不得加入解說詞。

　　第二天，「假王妃」如期來到珠寶店，立刻引來群眾圍觀並人叫：「戴安娜王妃耶！」擠在前面的年輕人還趁機親吻「戴安娜王妃」的手。老闆迎上前，帶「王妃」入內參觀，介紹項鏈、耳環、鑽石等飾品。「戴安娜王妃」面帶微笑，邊挑邊稱讚。

　　電視台播放這則以假亂真的「默劇」後，人們真的以為戴安娜王妃到過這家珠寶店，紛紛開始打聽這家珠寶店的地址，想在「戴安娜王妃」到過的珠寶店買首飾當成禮品送人。珠寶店頓時門庭若市，生意興隆。短短一個星期，這家珠寶店獲利十萬英鎊，超過開業4年來的總和。

　　後來，這件事驚動白金漢宮，皇家發言人告珠寶店老闆詐騙。老闆卻振振有詞：「廣告沒有對白，我也沒說佳賓是戴安娜，在法律上不能構成犯罪。至於圍觀的民眾，想把她當成王妃，我根本無法阻止。」珠寶店老闆獨善用計策，用「混水摸魚」之計，獲得豐厚的利潤。

事例二

「金星」金筆「混」進永安

金星金筆廠是中國成立前國內最大的金筆廠，它的金星牌金筆質量俱佳，行銷海內外。然而，在創業之初，金星卻經歷了一段艱困的日子。當時一般人都流行買「舶來品」，國產金筆備受冷落，想要在市場上打開銷路非常困難。

上海中華書局、大新、商務印書館、永安等四大公司均有販售外國金筆，金星筆要打開銷路，必須要闖入四家公司，尤其是永安公司。永安選貨嚴格、服務周到，在消費者中享有盛譽，而且營業額居各大公司之冠。金星金筆只要能進入永安，在消費者的心中就會成為「精品」而變得暢銷。

金星金筆廠創始人周子柏為了在永安櫃檯上佔有一席之地，動員親朋好友經常到永安問：「有沒有金星金筆？金星金筆還沒有上架呀？」讓永安覺得金星金筆很受歡迎。終於，皇天不負有心人，永安開始試銷少量的金星金筆。

試銷期間，周子柏為了混淆永安的視線，自掏腰包，請親朋好友買金星筆。永安誤以為金星金筆很有市場，正式銷售大量金星金筆。結果，引起消費者的注意，終於打開市場，使得其他幾家大公司也相繼訂購金星金筆。金星金筆能夠打開市場，全靠周子柏出奇謀，以「混水摸魚」之計打開銷路。

17 兵貴神速

・典出

《孫子兵法・九地篇》

「兵之情主速，乘人之不及，由不虞之道，攻其所不戒也。」意指用兵之理，貴在神速，趁對手來不及準備，從對手意想不到的道路前進，攻其不備，克敵制勝。

「兵貴神速」指的是以快制勝。「難得的是時間，易失的是機會」，不只是兵家至理名言，更是商家的座右銘。「以快制勝」是佔領市場、擊敗對手的重要經營策略。市場瞬息萬變，必須隨時注意市場狀況，預測市場變化的走向，做出靈敏、快速的反應，才能在對手尚未發現的情況下，出其不意地佔有市場。

事例一

「健力寶」神速出擊走向世界

1984年4月，健力寶飲料試製成功，尚未裝罐，這時，廠長李經緯得到消息：亞洲足球聯合會在廣州白天鵝賓館舉行會議。李經緯認為這是千載難逢的機遇，只要抓住這

個機會，以快制勝，一定能把健力寶推向世界。

距會議開始只剩不到10天，李經緯帶領幾名助手趕到深圳，用有限的外匯從香港買入了一批易開罐，請深圳百事可樂的工人利用下班時間將隨身帶去的健力寶飲料裝罐，搶在亞足聯誼會議前把一百箱包裝精美的易開罐健力寶送到會議桌上。健力寶飲料受到與會人員好評，終於順利該產品推向海外。

三個月後，李經緯又用同樣的方法把3萬箱罐裝健力寶送入第二十三屆洛杉磯奧運會的奧林匹克村，使健力寶迅速在國際市場中佔據一席之地。幾乎與此同時，在美國俄勒岡尤金市舉行的奧林匹克科學大會上，中國科學家面對五十多個國家和地區的科學家，朗聲宣讀了「吸氧配合口服電解飲料健力寶，消除運動性疲勞」的學術論文。

健力寶迅速走向世界，為世人所矚目，短短3年，健力寶飲料的產值就超過了1億元。

事例二 ⁓

跨國購廠「閃電」取勝

1984年，天津市為進一步發展對外經濟技術合作，計畫派出一個較大的代表團到歐洲進行考察。為使考察順利，先由丁煥彩帶領先遣團出國。先遣團在西德期間，計畫安排一項天津自行車公司提出的關於引進摩托車生產技術的重點

項目。在偶然的機會裡，先遣團得到一項重要消息：慕尼兄
一家工廠，生產名牌「能達普」摩托車，但現已債臺高築，
宣告破產，正急於出售整個工廠。能達普廠已有67年歷
史，產品曾經風行歐洲，技術力量雄厚，設備精良，且由於
廠方急於消償債務，售價低廉。

丁煥彩等人商議後，當即向該廠表示購買意願，並在一
個星期內給對方確切的答覆。同時，有消息指出，伊朗、印
度等幾個國家商家也獲得這項資訊，正在打探該廠的情況。
丁煥彩立即回國向天津市政府請示，天津市政府決定購買能
達普廠全部設備和技術。

正當專家準備赴德國考察時，10月19日，聯繫人從德
國傳來急電：伊朗商人搶先一步簽署購買能達普廠的合約，
但還有希望，如果到24日下午三時前，伊朗付款不及，合
約即告無效。

10月22日，代表團花了11小時辦完15人的出國手續，
登機飛往德國。23日，到達慕尼克。24日下午三時，專家
團一打聽到伊朗款項未付的消息，立刻奔赴能達普廠。廠方
人員大吃一驚。當其他國家的企業抵達想要購廠時，卻發現
中國商家代表團已經考察完能達普廠，而且決定以1600萬
馬克成交。他們只能悔恨姍姍來遲。

天津代表團以快制勝，購得能達普廠，而且出價比伊朗
低200萬馬克，更比另一家競爭對手低500萬馬克，贏得全
面的勝利。

18 狐假虎威

·典出

《戰國策·楚策》

「虎求百獸而食之，得狐。狐曰：『子無敢食我也。天帝使我長百獸，今子食我，是逆天帝命也。子以我為不信，吾為子先行，子隨後，觀百獸之見我而敢不走乎？』虎以為然，故遂與之行，獸見之皆走，虎不知獸畏己而走也，以為畏狐也。」狐假虎威比喻仰仗別人的權勢去欺壓他人。

在現代商戰中，「狐假虎威」已成為弱小或新生企業常用的一種競爭手段。例如借助強勢傳播媒體，宣傳公司所經營的產品，提高公司和產品的知名度，搶佔市場，擴大產品的銷路。借助獨特的設計和包裝，帶給消費者新奇的印象，激發消費者的好奇心和購買慾，提高產品的市場競爭力。借助名家名店，聯合生產或聯合經營，以別人的聲威來壯大自己的陣容，達到競爭取勝的目的。

事例一

借用商標推銷

北京襯衫廠生產的天壇牌襯衫，具有一定的口碑，該品牌可謂家喻戶曉。在國內市場暢銷的情況下，北京襯衫廠準備進軍英國，但是它並沒有盲目地宣傳「天壇」牌商標。他們知道英國人對這個品牌相當陌生，如果以消費者不熟悉的商標進入新的市場，就會失去商標引導消費的作用。

為了使自己的產品迅速進入英國人的心裡，北京襯衫廠多方運籌，決定採用英國消費者所熟悉的當地商標。雖然英國消費者不知道天壇商標，但卻非常熟悉英國本地著名零售商的商標。若稍微變換商標，以當地著名的商標吸引消費者的注意，再以優質的產品引發顧客的購買興趣，那麼當顧客了解天壇牌襯衫的質量，打開銷路後，就能以自己的商標佔領當地市場。

這一招「狐假虎威」之計果然奏效。天壇牌襯衫很快為英國人所熟悉，打開當地的銷路，還在用戶心中樹立了「天壇」的品牌。產品不只因此而暢銷英國，而且還以同樣的方式打入其他國家的市場。

事例一 ∾

借助記者揚名

二十世紀八〇年代，美國愛達荷大學博士麥倫凱經過多年的潛心鑽研和實驗，發明一種有防水功能，且只需用普通肥皂即可清潔的皮革。這項新技術研製出來，立刻就被亞特

蘭大製革同業工會的索貝爾漢姆看中。聰明的索貝爾漢姆認為這項技術有利可圖，於是購買發明專利權，並開設一家特製皮革手套公司，生產和銷售這種經過防水處理的皮手套。

然而，產品投入市場後，竟乏人問津，與索貝爾漢姆的預期大相逕庭，新的技術、新的設計、新的產品居然受到冷落。索貝爾漢姆並不著急，他堅信，新的技術一定勝過舊的技術，新的設計一定勝過舊的設計，新的產品一定勝過舊的產品，只是經銷商還未認清罷了。

於是，索貝爾漢姆借助記者宣傳自己產品。他不惜花費巨資，在紐約著名的大舞廳舉辦記者招待會。索貝爾漢姆贈送出席招待會的記者每人一雙新的皮手套，並進行現場皮手套防水搓揉實驗。他先把各種顏色的皮手套浸泡在透明的玻璃容器裡，十幾分鐘後取出。再放進一台事先準備好的普通洗衣機裡，加洗潔劑洗滌。洗滌後取出讓記者們看。記者們看到洗後的皮手套光潔平整，沒有摺紋，十分驚奇。結果，記者會一結束，某大報搶先發佈消息，並撰文介紹索貝爾漢姆的特別皮革手套公司。新產品很快就引起消費者的好奇心，手套經銷商恍然大悟，紛紛主動上門訂貨。

索貝爾漢姆特製皮革手套公司借助記者之筆，很快就揚名世界了。

19 擒賊擒王

·典出

《唐詩·前出塞》

「挽弓當挽強，用箭當用長。射人先射馬，擒賊先擒王。」意指捕殺敵人首領或摧毀敵人的指揮單位，使敵人陷於混亂，便於我方徹底將其擊潰。比喻要抓住主要矛盾，求得徹底勝利。

在現代商戰中，經營者無論是決策或處理問題都必須掌握重點，在眾多的競爭者中，找出主要對手，集中力量將其擊潰。或者是在面對眾多的消費者時，找到最有影響力的，就能贏得更多的客戶。只要擒住市場中的「王」，其他問題就會迎刃而解了。

事例一

路華德巧賣布匹

美國著名郵購公司西爾斯—羅拜克公司的總經理路華德顯赫一時，為西爾斯—羅拜克公司的發展立下汗馬功勞，但誰也沒想到他曾經只是個販賣布匹的小商人。

每年感恩節的第一天舉行遊園會是當地的慣例。這天是女士展示服裝的好機會，也為布匹商帶來商機。路華德早就開始策畫：怎樣才能抓住這個機會賺錢？結果突發其想，他決定採用「擒賊擒王」之計促銷。

　　瑞爾夫人和卡泰傑夫人是當地社交圈最出名的人，也是當地女性服裝潮流的領導者。許多女性會模仿她們的穿著。於是，路華德拜訪瑞爾夫人和卡泰傑夫人，企圖說服她們穿自己的布匹做的衣服。

　　遊園會當天，人山人海，熱鬧非凡。女士們穿著各式各樣的新式服裝，炒熱遊園會的氣氛。在遊園會的人群中，最為顯眼的就是穿著花式衣料服裝的瑞爾夫人和卡泰傑夫人，大家的目光都集中在她們身上。遊園會結束時，許多女士都已經拿到一份廣告單，上面只有一句，即「本店出售瑞爾夫人和卡泰傑夫人所穿衣料」。簡單有力，卻牢牢抓住女士們的心。當然這也是路華德的傑作。

　　結果，路華德的店裡湧入人潮，布料被搶購一空。即使路華德掛出「衣料存貨售完，新貨明日到」的牌子，人群還是不肯散去，唯恐明天買不到貨，紛紛預先登記付款。於是，路華德的店布迅速成長。

事例二

新力擒「王頭」

　　日本新力公司的彩色電視機享譽全球，但在二十世紀七〇年代中期，新力彩色電視機在美國還是名不見經傳、無人問津的「雜牌貨」。

　　新力在美國的推銷負責人卯木肇非常生氣，儘管新力彩電一再降價也無法帶動買氣。某天，他經過一個牧場，看見一大群牛在一隻「頭牛」的帶領下，很有秩序地走過。卯木肇靈機一動，想出推銷彩電的方法：擒賊先擒王。

　　經過研究，卯木肇選定當地最大的電器銷售商馬希利爾公司為主攻對象，只要征服它，就可以輕易佔領整個芝加哥市場。於是，卯木肇趕到馬希利爾要求見經理，但被經理回絕。馬希利爾公司認為新力彩電形象不好，售後服務差，知名度不高。更糟的是，它的價格已屢次調降，卻沒有買氣。

　　卯木肇不死心，他立刻取消降價銷售，並在當地媒體重新刊登廣告，重新塑造產品形象，同時還設置特約維修部，向外公布特約維修部的地址和電話號碼，保證顧客隨叫隨到。經過種種努力，馬希利爾終於同意代銷兩台彩電並規定必須在一週內賣出，否則永不再談代銷之事。

　　結果就在當天兩台彩電就已銷出。馬希利爾終於相信新力的品牌，決定正式試銷，後來市場反應效果非常好。至此，新力彩電終於打入芝加哥的「王頭」商店，而該地區一百多家商店紛紛要求經銷新力彩電。不到3年，新力彩電在芝加哥地區的市場佔有率就達到3％，也因此打開了其他城市的彩電市場，使新力彩電遍佈整個美國。

20 未雨綢繆

·典出

《詩經·豳風·鴟鴞》

「迨天之未陰雨，徹彼桑土，綢繆牖戶。」意指在沒下雨時，就要固定門窗，使其牢固。比喻事前做好準備工作，防患於未然。

商戰如兵戰，市場如戰場。企業管理者就像是總指揮，一旦投身其中，便如泛舟於萬頃波濤之上。經濟發展的客觀規律殘酷無情，市場競爭變化莫測。一個浪頭打來，就可能一無所有。日本「九州松下」會長高橋荒太朗說：「一個人被捧得上天時是最危險的。我寧願置身於困境，向危機挑戰，這樣才能提高成功的可能性。」

在企業一帆風順時，經營者應該具備危機意識，對未來的逆境要未雨綢繆。絕對不能掉以輕心，稍微大意，就可能會使企業墮入無底深淵。經營者只有隨時警惕，防患於未然，才能使企業獲得長足的發展。

事例一

日立的憂患競爭意識

　　眾所周知，日立製作所的「日立」牌電器享譽全球，在世界各地市場都佔有很高的市場份額，利潤豐厚。1995年度決算，該製作所的營業額為841.6億美元，利潤額為14.7億美元，擁有資產916.2億美元和員工331852人，為1996年全球100家大企業的第13名。位於東京的日立製作所能夠取得這樣傲人的成績，應該歸功於公司的憂患意識。

　　日立面對企業的成功，從不沾沾自喜或固步自封，他們時刻想到的是市場上永無休止的殘酷競爭。如果掉以輕心，可能就會被對手擊敗。因此，他們堅持把巨額的資金放在不懈的創新上，日立人相信，唯有改善產品的質量，走在技術的前端，滿足消費者的各種需求，才能立於不敗之地。

　　在殘酷市場競爭面前，沒有一勞永逸的事，要隨時保持清醒。據統計，在世界第一次出現石油危機的1973年前，日立將營業額的5%投入科研開發新產品和改進產品。石油危機的1974年，公司的經營利潤雖然有所下降，但它們還是沒有減少科研的開發費用，反而增加到當年營業額的5.4%，1976年則增加至6%。二十世紀八〇年代起，甚至提高到37%，與經營利潤額幾乎相同。

　　日立製作所從不吝嗇在科研開發上面投入巨額，因為他們知道居安思危的重要性。他們認為眼前的收益固然重要，

但培養五年、十年後的企業成長力量更重要。使公司永遠保持競爭力，不被劇烈的市場競爭遺棄。正是這種強烈的憂患意識，使日立的技術一直能夠維持領先的地位，事業蒸蒸日上。

事例二

在「鮮花和掌聲」中衰落

福特汽車公司在享利・福特二世接位之後，任用布裡奇・艾柯卡等傑出人才，終於把老福特遺留下的爛攤子轉虧為盈，讓福特王朝走向中興。但是當福特汽車的發展再現高峰時，福特二世面對公司的美好前景，開始變得驕傲，完全忘了「福兮禍所依，禍兮福所伏」的古訓。

他認為公司的營運已經很穩定，不再需要那麼多人才。在公司裡，他是最高的統治者，絕對不容許他的員工「威高震主」。基於這種威脅意識，無論員工對公司的貢獻有多大、功勞有多高，還是執意將他解職。他開始圍淵驅魚、圍叢驅雀，自己挖自己的牆腳。

1960年，享利・福特二世認為自己羽毛已豐，無須讓布裡奇擔任福特的代表出風頭。布裡奇很識相，趁機引退，不久，為福特汽車的興旺立下大功的麥克納馬拉等十位優秀人才也紛紛離去。1968年，福特二世又解雇有崇高威望的總經理，由自己找來的原通用汽車副總經理諾森接替。然

而，諾森才上任19個月，又被艾柯卡取代。艾柯卡上任後，福特公司的年利潤一直保持在18億美元以上。結果福特二世嫉妒艾柯卡的出眾才能，1978年，艾柯卡也遭到解雇。

這時的福特王朝能人殆盡，但是福特二世依然孤芳自賞。危機終於來了，公司經營缺乏生氣，沒有新發展，產品跟不上潮流，無法滿足市場需求，導致福特的市場佔有率逐年降低。1978年佔美國汽車市場的23.6%，1981年跌至16.6%。

享利‧福特二世終於在「鮮花和掌聲」中將福特公司推向衰微。

事例三

本田宗一郎的危機管理

對於世界機動車產業來說，「本田」無疑是一個響亮的名字，每80輛轎車中就有一輛是本田牌。在世界最大的汽車市場美國，1992年轎車銷售總量為630萬輛，其中本田生產的轎車佔了1/4。在摩托車界，本田技研工業不僅在國內是龍頭老大，在世界上也是首屈一指。

在競爭激烈的社會，本田公司總是能逢凶化吉，這是不是全靠運氣？本田宗一郎的回答是：「我們的運氣就是本田式的危機管理。」

二十世紀七〇年代初，正當本田牌摩托車在美國市場上暢銷走紅時，總經理本田宗一郎卻突然提出「東南亞經營戰略」，決定開發東南亞市場。此時歐美市場摩托車的競爭相當激烈，而東南亞因經濟剛起步，生活水平較低，摩托車還是屬於高檔消費品。公司總部的人對本田宗一郎的決策感到困惑不解。

　　本田宗一郎認為，美國經濟即將進入新一輪衰退，摩托車市場的低潮也必然隨之來臨，如果只盯住美國市場，一旦經濟衰退必然損失慘重。然而，東南亞經濟已經開始起飛，不久就能實現每人均產值2000美元。只要達到此一標準，就能形成摩托車市場。

　　唯有未雨綢繆，才能處變不驚。一年後，美國經濟果然急轉直下，消費市場首當其衝，數十萬輛本田摩托車壓在倉庫裡。就在這時，東南亞市場上摩托車開始發展。本田立即根據當地的條件對庫存產品進行改裝後銷往東南亞。由於已提前一年實行旨在創品牌、提高知名度的經營戰略，所以產品投入市場後如魚得水。該年，與許多虧損的企業相比，本田不僅沒有絲毫損失，而且創出最高銷售額。這個結果應該歸功於本田宗一郎的居安思危、有備無患的經營策略。

21 反經行權

·典出

《史記·太史公自序》

「諸呂為從，謀弱京師，而勃反經合於權。」指的是漢朝呂氏為亂，大將軍周勃以計奪取兵符，誅除諸呂。比喻不循常規，做可行之事。

「反經行權」的道理應用在經營管理上，就是要反向求異，跳脫常規，用一種全新的思維去分析問題和預測市場，用獨到的眼光掌握市場運行規律，發現出乎別人意料之外的市場空間，滿足顧客需要，甚至引導顧客需求，創造機會，這樣才能出奇致勝。

事例一

金·吉列的反向思維

刮鬍刀被當成男性的專利，但是美國的經營怪才金·吉列卻把它推銷給女性，而且獲得空前的成功。

1901年，金·吉列發明了世界上第一副安全刮鬍刀片和刀架，使男人刮鬍子變得方便、舒適、安全，大受歡迎。

他創建的吉列公司年銷售額達20多億美元，成為實力雄厚的跨國公司。

然而，金·吉列並不以此為滿足。二十世紀七〇年代末，吉列公司又推出了婦女專用刮鬍刀。這個舉動看似荒謬，卻建立在堅實可靠的市場調查基礎上。在此之前，吉列進行了周密的市場調查，發現在美國八千多萬30歲以上的婦女中，有6500人為保持美好形象，要定期刮除腿毛和腋毛，但市場上的女性脫毛產品卻很少見，且價格高昂，效果不佳。更有相當數量的婦女選擇男用刮鬍刀作為除毛工具，而且一年的花費竟然高達7500多萬美元。對於其他女性產品市場來說，除毛刀的市場相當大。據統計，美國婦女一年花在眉毛和眼影上的錢僅有6300萬美元，染髮劑5900萬美元，染眉劑5500萬美元。毫無疑問，這是一個極有潛力的市場，誰能先推出專為婦女使用的除毛器，誰就能贏得芳心。

根據調查結果，吉列當即組織研究小組開發新產品。新產品為突出女性特色，還作了專門的裝飾：採用一次性使用的雙層刀片，刀架選用色彩鮮豔的塑膠，並將握柄改為弧形以利於婦女使用。握柄上印壓了一朵雛菊圖。結果，這種新奇的產品一上市就被搶購一空，暢銷全國，吉列公司因此大賺一筆。

事例二

埃德的廣告策略

　　加拿大有位名叫奧尼斯特・埃德的人，他經營了一整條街的生意，包括埃德商店、埃德批發店、埃德小吃店、埃德餐館等。二次大戰結束後，埃德調整經營策略，決定銷售低價的舊貨商品。

　　為了讓更多人光顧自己的舊貨商店，埃德做了一則廣告，與一般宣傳「價廉物美」的廣告不同，他在報紙上登的廣告是「我們的店像垃圾堆！我們的服務令人作嘔！我們的固定資金只是一堆破爛箱！但是，絕對便宜！」這種廣告耳目一新，讓人聞訊登門。

　　這裡的東西確實便宜，最初大家不好意思買便宜貨，都推說是幫朋友買的。後來人們習以為常，開始爭相搶購。結果，去埃德商店買東西成為加拿大各大城市居民的一種樂趣。

　　商店中午11點開門，但一早就有人排隊，裝有2萬多個燈泡的廣告牌閃爍著光芒「歡迎購買埃德的垃圾，這是馳名世界的垃圾商店」。廣告牌下，人排長龍。店門一開，顧客蜂擁而入，各種減價物品堆積如山，從開罐工具到結婚禮服，一應俱全。剛退流行的商品，價格比時令貨低一倍多。商店到處是標語「埃德的破爛貨堆積如山，但價格永遠便宜；埃德的價格近乎荒唐可笑，但確實便宜、便宜、便宜」。

　　埃德奇特的廣告詞，帶來無限商機，這就是「反經行權」的效用。

22 趁火打劫

·典出

《三十六計·勝戰計》

「敵之害大，就勢取利，剛夫柔也。」原意是：趁別人家裡失火而混亂無暇自保時，去搶奪人家的財物。比喻當敵人遇到麻煩或危難時，要趁機出擊，制服對手。

「趁火打劫」在歷史上有著名的戰例。春秋時期，吳王夫差率吳國全部精兵北上，與中原各國諸侯在黃池會盟。國內只留下些老弱病殘的人。再加上吳國大旱，稻子乾枯，國內倉稟空虛，越王就趁這時大舉進攻吳國，將其殲滅。

在市場經濟的浪潮中，劇烈的競爭就如大浪淘沙，競爭對手經常會因競爭失利而出現虧損等危機，如果企業經營者能夠把握機會，趁對手積弱時給予致命的一擊，或趁機壯大自己，不失為一條成功的捷徑。

事例一

摩根財團威脅美國政府

1898年，美國財政部的庫存黃金大量外流，市面上掀

起搶購黃金的風潮，再加上各地工人為爭取8小時工作制的
大罷工，使美國政府焦頭爛額。美國總統格羅費·克利夫蘭
求救於大金融家摩根和貝爾蒙，請他們想辦法穩定金融市
場。

摩根知道這是個好機會，動亂已經使美國政府到了黔驢
技窮的地步，如果此時向政府要求更優惠的條件，政府一定
會接受。於是，他與貝爾蒙共同擬定一個計畫，由他們兩家
銀行財團組織一個辛迪加，承辦黃金公債，一則可解財政部
之危，二則可獲取高額利潤。另外，他通過秘密渠道探知國
庫存金只剩900萬元，就附加了更多苛刻條件，想借此大撈
一筆。

然而，美國政府說什麼也不肯接受。摩根決定趁火打
劫，逼美國政府就範。他開出一張總額1200萬元的黃金支
票，對美國總統說：「總統先生，據我所知，國庫存金才
900萬元，而○○先生手裡就有一張總額1200萬元今天到
期的黃金支票，如果他明天兌現那麼一切就完了。只有我的
計畫才能確保美國渡過難關。」

總統在走投無路的情況下，被迫答應摩根提出的條件。
當夜，摩根即取出大量美元交給財政部，幫助財政部融通資
金，他自己也得到了想要的東西。在後來承辦政府公債過程
中，摩根財團利用市場差價，更賺得盆滿缽滿。

事例二

「娃哈哈」趁火打劫笑哈哈

　　雖是杭州娃哈哈營養食品廠是只有百餘名員工的企業，但年產值卻高達1億元，利潤2200萬元。這是因為娃哈哈飲品質量佳、包裝精美且大肆宣傳的緣故。

　　與它相反的是，杭州罐頭廠雖有1500名員工，但經營機制不靈活，管理不善，營運困難重重，導致產品大量積壓，連續3年虧損達1700多萬元，幾乎破產。

　　隨著市場份額不斷增加，娃哈哈食品廠的產品供不應求，急需擴大規模。經過詳細的分析和調查，他們把目光對準杭州罐頭廠，決定趁火打劫，將它一口「吃掉」。這樣不但不會動用大量資金，還可以趕上產品熱銷的黃金季節。

　　於是，娃哈哈食品廠立刻找杭州罐頭廠磋商合併一事，罐頭廠廠長正為手上的爛攤子無計可施而發愁，被迫同意合併。結果，杭州娃哈哈食品廠輕而易舉地擴大規模。合併後，改名為杭州娃哈哈食品集團公司，並大肆改革，僅僅3個月，就增加100多萬元的利潤。

23 暗渡陳倉

·典出

《古今雜劇·韓元帥暗渡陳倉二》

「著樊噲明修棧道，俺可暗渡陳倉古道。這楚兵不知是智，必然排兵在棧道守把。俺往陳倉古道抄截，殺他個措手不及也。」

韓信「明修棧道」的行動，成功奏效。韓信分散敵軍的注意力，讓敵軍的主力調至棧道一線，然後他立刻派人軍繞道陳倉發動突襲，一舉打敗章邯，平定三秦，為劉邦統一中原邁出了決定性的一步。

「暗渡陳倉」的關鍵在於「明修棧道」，誘使敵人依正常的用兵原則判斷己方行動，達到出奇制勝的目的。

應用於商戰，此計可解釋為：故意暴露自己的行動，迷惑競爭對手，或藉此吸引顧客，然後暗中準備行動，出其不意地戰勝對手或贏得顧客。

事例一

川上源一巧鋪致勝之路

川上源一在1950年9月繼任父職，擔任日本樂器公司的董事長。接手之初，川上發現，要在競爭激烈的市場中取勝，必須先鋪好致勝之路。

　　於是，川上想出了一個「暗渡陳倉」的妙計。他熱心地開辦山葉音樂教室，積極推廣音樂教育，收了數百萬名學生，為此投入20多億日元的資金。這是一項虧本的事業，但是川上仍堅持不懈，他知道這項事業必將為公司帶來極大的發展。川上極力主張這是一項純粹推行音樂的事業，希望不要沾上商業色彩，所以言明在課堂上，絕對不宣傳山葉的樂器。

　　那麼川上如何利用音樂教室獲利呢？這就是「暗渡陳倉」的訣竅了。

　　講師在課堂上絕對不宣傳山葉的樂器，但是他們會將學員名單送到日本樂器公司的業務員手裡，當然這些名單就成為業務員促銷的主要對象。再者，電子琴的教學課程是由音樂振興會編排，課程內容若不用山葉的電子琴就無法彈奏出來，而且層次越高的班級，越需要用山葉的樂器才能奏出符合該等級的水平。所以表面上雖然對外宣稱純粹是音樂事業，實際上卻使日本樂器公司獲得極高的利潤。

　　川上源一在音樂教室悄悄地鋪好通往成功的道路，將競爭對手長時間蒙在鼓裡，當他們醒悟時，山葉樂器已在市場上領先，取得絕對優勢了。

事例二 ✍

小林一三的經營奇招

　　1907年，小林一三加入日本箕面有馬電軌公司任總經理。這家公司剛成立，只是一個地方性的小鐵路公司，與佔據人口密集區的都市鐵道公司不同。因此，公司的發展有許多困難和障礙，但是不管如何，得先讓經營步入正軌，提高收入，於是小林只能想辦法吸引更多乘客。

　　小林心想若要人乘車，必須使人們住在鐵路沿線，如果開發鐵路沿線的住宅區⋯⋯結果，小林想出一個「明修住宅，暗拉乘客」的妙計。環鐵路沿線很快就破土動工，當人們正在納悶一家鐵路公司為何要涉足地產時，小林又亮出一招：所有建成的住宅均採取出租及10年分期付款的銷售方式，這種劃時代的做法使住宅區的入住率達到100%，而且這些居民又成為小林的乘客。一招「明修棧道，暗渡陳倉」，終於使日本箕面有馬電軌公司在市場中站穩腳跟。

　　1913年，小林在寶塚溫泉區的遊樂場組織少女合唱團（後來發展為少女歌劇團），又陸續增加博覽會場、劇場、動物園、植物園、餐廳等輔助設施，使其成為渡假及休息的地方。其中，寶塚少女歌劇團的公演，更是深獲各界人士好評。1914年前去觀賞的民眾多達19萬人，1918年更激增至43萬人。人數的增加無疑對增加鐵路搭乘量具有十分重要的推動作用。

　　1926年，他又在車站設立百貨銷售部門，增加沿線居

民利用鐵路的機會，並把那些百貨用品的工廠設在鐵路沿線地區，謀求乘客人數的增加。

以正面的假進攻—開發遊樂區、運動場、組織少女歌劇團、設百貨公司、工廠等來吸引大眾，掩蓋暗中進行的進攻方向—謀求鐵路搭乘量的增加。將迂迴進攻的「暗渡陳倉」之計導入鐵路經營之中。小林一三獨具慧眼，不愧為一流的企業家。

24 季布一諾

·典出

《史記·季布欒布列傳》

季布者，楚人也，任俠豪氣，有名於楚。楚人諺曰：
「得黃金百，不如季布一諾。」楚人季布，行俠仗義，在楚
頗富盛名。因此，楚人常言：「得黃金百兩，不如季布一
諾。」

古今中外的傑出領導者，無不強調信譽第一，忠誠為
上。把「信」當成立身之本。舉凡答應過的事，就要「言必
信、行必果」。不只做人要注重誠信，經營企業也是如此。
競爭激烈的商場中，只有以誠信為經營之本，才能贏得客戶
和市場，否則只會失去消費者的信任，使企業走上絕路。

事例

李嘉誠做人重信義

知名度極高的華商李嘉誠，畢生將信義看得極重。
1995年8月，中央電視台主持人稱李嘉誠為香港首富，但
李嘉誠解釋道：「大家應該都知道首富是過譽，在香港比我

有錢的人不少，我不方便說出他們的名字。致富要看各人的做法。照我現在的做法，我內心感到滿足，這是肯定的。」從這段話中可以看出，李嘉誠並不在乎首富這頂桂冠，而更看重如何做人。

有一件小事最能說明李嘉誠的為人態度。二十世紀五〇年代，李嘉誠開始做塑膠生意時，皇后大道有間公爵行，他經常去那裡接洽生意。在那裡，李嘉誠總會看見一個四、五十歲、斯文的外省乞丐婦人，但她從不伸手要錢，但李嘉誠都會拿錢給她。某天，天氣寒冷，李嘉誠看見人們都快步走過，並不理她，就主動和她交談，問她會不會賣報紙，她說他有同鄉做這行。於是，李嘉誠便讓她帶同鄉來見自己，想幫她做份小生意。

時間約在第三天的同一地點。然而，一位客戶剛好去李嘉誠的工廠參觀。客戶至上，他也無可奈何。不過，在交談中途，李嘉誠突然離開，驅車趕到與婦人約定的地點，幸好沒有失約。李嘉誠給了他們一筆錢，希望他們勤奮工作，不要再乞討，然後又匆忙駕車回工廠，滿面笑容接待著急的客戶。

從這件事中可以看出，李嘉誠的經商是以信義為優先考量，對於一個素昧平生的乞丐婦人，竟然不顧正在接待的客戶而準時赴約。做人能夠守信用，做生意當然也會有誠信。

事例二

柳傳志吃虧求信譽

　　很多事實都證明，信譽能夠為事業創造成功的條件。聯想集團總裁柳傳志的經商經歷也說明了這一點。柳傳志經營聯想由小到大，凡是他向客戶—不管是中國科學院、電子工業部這樣的大客戶，或是普通的小客戶—做過的承諾，他都做到了。因為他認為每做一件事，就是累積一次信譽的機會。唯有建立信譽，才能在企業經營中獲得成功。

　　1988～1989年，人民幣和美元的匯率瞬間從1：6攀升到1：9。聯想做貿易要透過進出口公司把人民幣換成美元。在人民幣對美元漲到1：9時，進出口公司不願再履行原來的合約。為了能把人民幣及時兌換成美元，歸還香港銀行的美元，柳傳志決定允許進口公司違約，按1：9而非原來訂好的1：6兌換，及時歸還香港銀行的美元貸款。儘管這麼做使聯想賠了100多萬元人民幣，但卻在銀行和進出口商之間建立了良好的信譽。

　　柳傳志認為，信譽是一種資本，而且是一種「金不換」的資本。有了這項資本，才可以取信於客戶，在市場上立足。

25 借雞生蛋

·典出

古代民間傳說

宋朝時，山東淄博有位名叫韓生的窮秀才，手無縛雞之力，又無一技之長，地方財主連地也不肯租給他。於是，他想出一個養雞下蛋換錢花的方法維持生活，但他沒有買雞的錢，只好向別人借雞來養。他飼養別人的雞，下兩個蛋，給人家一個，自己留一個。結果，一年之內，他就由十幾隻雞發展到100多隻。又過了一年，發展到300多隻。僅數年時間，韓生就成為當地的富豪。

時過境遷，「借雞生蛋」這個故事已經不再局限於字面上的意義，而是用來比喻借用別人的力量發展自己。在現代經濟活動中，自身經濟實力不足的情況下，就可運用「借雞生蛋」的方法。例如負債經營，借錢投資生產，壯大自己的實力。

事例一

見村善三空手套白狼

　　炒賣房地產，一直是利潤豐厚的生意，但必須有一筆強
大的資金當成後盾，對於資金少的人來說，只能「望洋興
嘆」。但見村善三打破了「沒錢別炒房地產」的行規。他白
手起家的創業史，至今仍為人津津樂道。

　　見村善三與許多人一樣，手中一無資金，二無地產，三
無技術，但是他並不像其他人一樣甘於平庸。經過考察發
現，日本很多人都想開工廠，但資金不足，根本買不起土地
蓋廠房，而有些土地卻閒置著。若是把二者聯繫起來，只租
用土地而不購買，那些企業主一定能夠負擔。見村善三有個
獨特的想法：借別人的地、借別人的錢來蓋廠房，租給需要
開工廠而又缺少廠房的人。

　　確認方針，見村善三就先找土地。他專挑偏僻而乏人問
津的不值錢土地，與土地所有者商談，提出改造利用土地的
計畫。他勸這些地主，與其閒置不用，不如低價出售或出租
這些土地。大部分的地主都贊同他的想法，願意轉讓土地，
有的人甚至出借資金。

　　有了土地，見村善三就開辦見村產業開發公司，組織人
員推銷土地。正愁無法蓋工廠的企業家見有地可租，又不需
動用巨額資金，紛紛登門與見村善三簽訂合約。接著，見村
善三就利用廠房租金和土地之間的差額，扣除建造廠房的費
用，獲得盈利。

　　三方達成協定後，見村善三向銀行貸款建房，然後以分
期付款的方法歸還銀行的貸款。見村善三一計「借雞生
蛋」，利用三方的需要，巧妙斡旋，從營建小廠到大廠，規

模越來越大，使得公司獲得為數可觀的利潤。

事例二

用別人的錢發展自己的技術

迪士尼帝國的締造者沃爾特・迪士尼的經商智慧就是：用別人的錢發展自己的技術—高級的借雞生蛋法！

1960年，沃爾特得知紐約要舉行一次大型的博覽會，各大公司都會建造展覽場所，展示自己產品。沃爾特打算在樂園中建造一座能展現自己風格的建築—「總統之廳」，把美國歷史上歷任總統塑成真人大小的塑像，塑像做出各種獨具特色的動作，並像真人一樣說話。這種集聲音、動作和電子技術為一體，被稱為「聲動電子塑像」。這種技術的難度很高，畢竟設計製造會做動作的假人比會做動作的動物更困難。不過，對於攻克技術難關來說，成本是一大考量。這項技術的研發費用之高，迪士尼公司無法負擔。因此，沃爾特打算利用別人的錢來發展這項技術。

沃爾特想到何不以各大公司設計展覽場所為條件，使用他們的資金發展自己的技術呢？於是，沃爾特四處遊說，福特公司、通用電氣公司和百事可樂公司都願意提供資金給迪士尼。

沃爾特替福特公司設計的是「神奇天道」。當福特汽車載著遊客經過這條「天道」時，一群聲動電子塑像向人們展

示了人類從石器時代進步到現代的情形，遊客莫不對這個名曰「進步世界」的戲院大聲讚嘆。另外，還有如「這是一個小世界」、「林肯廳」等，處處可見迪士尼新技術的奇妙設計，而且這些技術的開發費用都來自於各大公司。

沃爾特這一計「借雞生蛋」，不但節省龐大的資金，也為自己做了一次大型的免費宣傳廣告，使迪士尼享譽全球。

26 裝瘋賣傻

·典出

《三十六計·並戰計》

「寧偽作不知不為，不偽作假知妄為。靜不露機，雲雷屯也。」意指有時為了以退為進，只能裝傻，蓄積力量，然後伺機戰勝對手。這就如同雲勢壓住雷動且不露機巧一樣，最後爆發攻擊時，就能出其不意而獲勝。

「裝瘋賣傻」可謂「大智若愚」，應用在商場上，就是要求經營者在出現關係自身利害的事情時要沉得住氣，利用「裝傻」來掩飾自己，就算吃點虧也無妨。當對方出現驕傲之心，放鬆警惕時，再乘勢出擊，以迅雷不及掩耳之勢奪得市場競爭的勝利。

事例二

包玉剛「裝傻」成船王

1955年，包玉剛成立環球航運公司，買了一艘已使用27年的舊貨船。當時世界海運正處於興盛時期，航運界實行按照船隻航行里程計算租金的單程包租方式。對船主而

言，可以獲得很高的利潤。

包玉剛卻不為暫時的高利潤所動，他一開始就堅持採取租金低、合約期長的穩定經營方針，避免投機性業務，這在航運業興旺的當時，被很多人認為是「愚蠢之舉」。

包玉剛愚蠢嗎？不，包玉剛有他獨到的見解。他認為，公司只有一艘船，如果僅靠運費收入投資擴充船隊效率不佳，必須依靠銀行的長期低息貸款。要取得貸款，就必須有穩定的收入，才能使銀行確信你有償還能力。於是，他憑著與租船戶的一紙長期租船合約，順利地向銀行申請到一筆可觀的貸款，然後又用這筆錢去買船，組成新的船隊。

基於這種經營的方針，包玉剛只用20年時間，就發展成為擁有總噸位居世界之首的遠洋艦隊，登上世界船王的寶座。

事例一

印度商人裝傻賣畫

比利時有一家畫廊，專供世界各地的畫商來此交易。有一天，某位印度商人在畫廊裡展示兩幅畫，畫商和印度商人開始討價還價。印度商人索價每幅250美元，美國畫商覺得太貴，不願成交，但一雙眼睛卻總是盯在畫上。聰明的印度商人知道美國畫商已經看中這兩幅畫，就故意假裝漫不經心，把其中的一幅畫點火燒了。

果然，美國畫商大驚失色，立刻上前阻攔：「你不賣就算了，為什麼放火燒掉？」印度商人說：「反正你不買，留著也沒用！」美國畫商又問他剩下一幅要多少錢？印度商人說本來是每幅250美元，現在剩下一幅，就要500美元。美國畫商正想搖頭，印度商人又點火要去燒這幅畫。美國畫商急了，怕對方真的燒掉畫。於是，美國商連忙要求印度商人不要燒，他願意出500美元買下。

　　印度商人這招「裝瘋賣傻」，雖然燒掉一幅畫，卻賺回了兩幅畫的錢。

27 任賢使能

・典出 ∽

《吳子・料敵》

「陳功居利，任賢使能。」大意是根據功績來往官職，重用有德行、有才能的人。宋代王安石《興賢》又說：「國以任賢使能而興，棄賢專己而衰。」意指國家重用有德才的人就能興盛，捨棄賢才而獨斷專橫就會衰亡。

如果國家不重視人才就會走向衰亡，同樣的，企業不重用人才就難以發達興旺。現代市場的競爭，歸根究底就是人才的競爭，贏得人才等於成功一半。想要在激烈的商戰中勝出，就要有一流的企業家制定正確的決策，一流的科技人才開發尖端產品，一流的管理人才進行監督生產，一流的業務員推銷產品。只要唯才是舉，任人唯賢，一定能夠在事業上取得成功。

事例一 ∽

松下幸之助慧眼識才

馳名全球的日本松下電器公司創始人松下幸之助在挑選

繼承人時，非常重視任賢使能，因而使松下電器常盛不衰，造就舉世聞名的電器王國。

松下幸之助提拔山下俊彥為總經理，就是一個伯樂相才的例子。山下俊彥原本是一個普通的職員，被提升為分公司部長時只有39歲，後來又歷任要職並成為公司董事。他的經營管理成績卓著，具有出眾的才能，而且能一眼看出公司內部因循守舊的弊端，蓄意改革，勇於創新。松下幸之助發現他的才能，認為他是松下家族中難得一見的傑出人才，也是最優秀的「將才」，於是他力排眾議，破格啟用山下俊彥。

1997年是山下俊彥一生的轉捩點。在這一年裡，他從名列第25的董事，超過其他資深董事，直接升任總經理。山下俊彥晉升總經理後，頗有松下幸之助的遺風。他重視有才幹的「中生代」，破格提拔22名具有戰略眼光、能力出眾的新董事。因此，松下電器的經營管理領導層力量在短短的幾年內大幅強化。

人才是企業的活力和生命，在山下俊彥擔任總經理的第二年，該公司的經營就突破保守轉為積極進攻。1983年公司的利潤總額達到1981.1億日元，比他剛上任的1977年的利潤額976.8億日元幾乎增加一倍。

松下幸之助的任賢使能，使松下王國不斷地創造高峰。

事例二

里卡多退位讓賢

　　克萊斯勒汽車公司成立於1923年，是個老牌的汽車企業，一直和「通用」、「福特」三分天下，控制全美95%的汽車產業。然而好景不長，進入二十世紀七〇年代後，克萊斯勒公司連續幾年出現虧損，1979年積欠的各種債務居然高達48億美元。

　　正當克萊斯勒瀕臨破產的邊緣時，總裁約翰‧里卡多突然聽到一則爆炸性的新聞：福特汽車總經理艾科卡因與亨利‧福特二世發生衝突而被降職。里卡多彷彿在黑夜中看到曙光，他決定聘請艾科卡這位汽車業的奇才擔任公司的總經理。於是里卡多立刻派兩位很有名望的董事前去試探，然後自己多次出馬，希望艾科卡能到公司大顯身手。其誠意終於感動艾科卡，他同意應聘，但有個先決條件。

　　艾科卡要求擁有100%自主權，並且一、兩年後須讓他擔任總裁一職。里卡多一口應允，他絕對信任艾科卡的能力。里卡多知道要使艾科卡完全地發揮自己的才能拯救克萊斯勒，就必須完全釋出權力，而且他還給艾科卡36萬美元的年薪，比自己原本34萬美元的年薪還高。

　　事實證明，里卡多的做法是對的。艾科卡的確是一位奇才，他不負眾望，很快就使克萊斯勒起死回生。1982年，公司盈利1.7億美元，還清了13億美元的債務，節存現金11億美元。1983年，克萊斯勒又盈利7億多美元，提前7年還清政府貸款的保證金。這一切都歸功於里卡多讓賢任能的結果，他本人也因此為後人所稱道。

28 請君入甕

・典出

《資治通鑑・唐記》

「唐武后時，或告周興與丘神通，武后命來俊臣審理。俊臣與興方推事對食，問興曰：『囚多不承，當為何法？』興曰：『此甚易耳！取大甕，以炭四周炙之，令囚入中，何事不承！』俊臣即索大甕，起謂興曰：『有內狀推老兄，請兄入此甕。』興惶恐叩頭伏罪。」比喻用某人整治別人的辦法來整治他自己。

在現代企業殘酷的商戰中，經常有陰謀陷害、流言蜚語等狀況，例如企業間派間諜刺探商業機密，誹謗對方謀求利益等。當企業面臨這種情況時，若能採用「請君入甕」的方法予以還擊，一定能收到意想不到的效果。借助對手的智慧為他自己挖掘墳墓，不但可以輕易從危機中脫身，還能打擊和牽制競爭對手，扭轉被動局面，取得最後的勝利。

事例一

休斯的「以彼之道，還施彼身」

　　「飛機大王」休斯的TWA航空公司是全球知名的大企業，但卻曾遭到「泛美」航空的猛烈攻擊，舉步維艱。

　　「泛美」航空的幕後老闆是共和黨的普留斯塔，他是一個政治野心家，支持「泛美」的壟斷行為。他攻擊TWA航空的目的就是企圖透過懲罰休斯鋪平道路，是個一石二鳥之計。於是，兩家航空公司的鬥爭很自然地演變成休斯與普留斯塔之間的政治鬥爭。最初，普留斯塔揪出休斯與前總統羅斯福之子的一些不正當利益往來，引發輿論爭議，媒體把休斯貶得一文不值，形勢對休斯非常不利。

　　休斯決定採用「請君入甕」之計，「以彼之道，還施彼身」。在輿論把事情炒得沸沸揚揚時，面對1500多名記者，休斯義正辭嚴，揭露普留斯塔曾在暗中對他做出的承諾，並證據確鑿地指出普留斯塔與「泛美」總裁特利普的不正當來往。

　　結果，在輿論的壓力下，普留斯塔敗北，仕途中落。「泛美」失去靠山，兼併計畫宣告失敗。

事例二

格蘭仕巧計治美的

　　2000年的微波爐市場，競爭異常激烈，烽煙四起，身為市場佼佼者的格蘭仕也疲於應戰，自顧不暇。

　　這時，與格蘭仕同樣以空調為主打產品的美的集團，卻

以雄厚的資金作後盾，挾渠道、研發技術上的優勢，趁機挺進微波爐市場。他們以全新面貌、優惠價格、優質的服務，很快在市場中立足，並深受用戶的好評，有後來居上的架勢。上市當年，美的就搶下微波爐市場9.54%的份額。

面對美的的挑釁，格蘭仕決定採用「請君入甕」的計謀，用同樣的方法對付美的─進軍美的的主打市場。於是，格蘭仕立刻對外宣布：將以20億資金為資本殺入空調市場。這麼做的目的是要讓美的從微波爐市場上抽回資金自救。

雖然美的不是空調市場的霸主，但是美的空調在空調市場上具有舉足輕重的地位，公司大部分的利潤來自這裡。結果，美的自覺分心二用不足以應付大局，只好暫停在微波爐市場的擴張，抽出資金擋住格蘭仕的進攻。在格蘭仕空調的牽制下，美的微波爐的發展勢頭嚴重受創。

29 使智使勇，使貪使愚

·典出

《新唐書·俠君集傳》

「使智使勇，使貪使愚；故智者樂立其功，勇者好行其
志，貪者邀趨其利，愚者不計其死。是以前聖使人，必收其
長而棄其短。」意指用人要避其短，用其長。

在現代企業的經營管理中，人才對企業的興衰具有決定
性的影響。任何一個管理者想要在事業上獲得成功、讓公司
持續成長，首要的條件就是要善於運用人才。在用人大師的
眼裡，只要用其所長，避其所短，那麼不管庸才、蠢才或英
才都是人才。

香港富豪李嘉誠在總結自己的用人心得時，曾說道：
「知人善任。大部分的人都其長處和短處，如大象食量以鬥
計，蟻一小杓便足夠。各盡其能、各得其需，以量材而用為
原則。就像在戰場上，每個戰鬥單位都有其作用，而統帥未
必熟悉每一種武器的操作，最重要的是應該掌握每種武器及
每個部件所能發揮的作用。統帥透析整個局面，才能善用下
屬，使他們充分發揮自己的長處，取得最好的效果。」

事例一

張榮發的用人之道

張榮發是公認的台灣航運航空界的傳奇人物。美國《富比士》（Forbes）雜誌盛讚其為當代最偉大的航運鉅子。他所創辦的長榮集團，也被視為「超級貨運帝國」。張榮發既無烜赫的家世背景，也無眾兄弟可借力，完全是靠自己赤手空拳打下一片江山。

張榮發的成功，要歸功於他卓越的運用人才、管理人才的能力。他認為公司用人應該用人所長：「用人時，他的痛、他的癢、他的好和他的壞都要看，不能只看壞的不看好的。我告訴公司的管理人員，要看員工的好處，不要看員工的缺點。誰沒有缺點？要看他的長處，不要用他的缺點，缺點可以改。如此一來，人人都是人才。」

另外，張榮發在公司裡創造了公平的競爭環境，讓所有員工都平等地參與競爭。這樣就能明顯地看出他們的長處、短處及能力。公司按各人的工作成績給予薪資，並擇優重用，讓每個人都有充分發揮的舞臺。這使公司真正做到「一流公司要用一流人才，一流人才要有一流薪水」。

事例二

人盡其才，物盡其用

　　本田宗　郎，一個世人矚目的名字。世界上每四輛摩托車就有一輛出自他所創建的公司，不僅如此，本田每年還提供消費者100萬輛汽車。在世界各地幾乎都能發現本田車的蹤影。

　　本田宗一郎的成功是顯而易見的，他的成功除了自身的創新、積極進取和百折不撓之外，還與他善於運用人才有密不可分的關係。在本田公司發展的歷程中，他發掘一批優秀人才，如藤澤武夫、河島喜好、西田通弘、杉浦英男及久未是志等。他們對本田公司的壯大具有不可磨滅的貢獻，但是他們並非全才，各有其缺點：藤澤武夫擔任公司的「副手」，只會營銷个懂技術；內田通弘足智多謀，被譽為「公司的最高參謀」，但也有其弱點。本田宗一郎不在乎這些，只看人的長處，只要他們能發揮自己的優勢，為公司創造效益即可。

　　本田公司制度彈性靈活，如果員工認為自己的做法比上司高明，則可以堅持到底，用結果說話。這種文化保存了員工的個性，有助於創新。本田裡的技術研究人員，有一部分是別的公司不能容忍的個性突山的人才。本田宗一郎認為：「公司裡每個人都毫無保留、完全暴露自己的優缺點是好事。石頭就是石頭，金子就是金子。就像教練一樣，要盡量掌握運動員的特點，並使之充分發揮。做到人盡其才，物盡其用，合理安排。那樣石頭也罷，金子也罷，全部都會成為真正有用的東西。」

30 察而後動

· **典出**

《三十六計》

「疑以叩實，察而後動。」意指要經過詳細地調查，才能採取行動。

在現今的市場經濟中，應該重視調查，正所謂「走錯一步全盤皆輸」。只有抓住正確的資訊，做出明智的決策，才能立於不敗之地。

事例一

柯達的市場調查策略

創業百年的美國柯達公司，以感光技術先驅和管理有方著稱。柯達產品約有3萬多種，公司年銷售額達100億美元，純利12億美元以上，產品行銷全球。

柯達成功的關鍵原因之一是，該公司非常重視市場調查。柯達蝶式相機的問世就是典型的例子。在開發相機前，首先由市場開拓部提出新產品的概念，而這些概念來自於市場調查。例如多數用戶認為最理想的照相機典型，重量和尺

碼多大最合適，何種膠捲最便於安裝使用等。然後，根據調查結果，設計出理想的相機模型，請生產部門針對相機的設備、零件配套、生產成本和技術力量等因素綜合考慮是否生產，如果不可行，就要退回修正。反覆這些流程，直到做出樣機。

做出樣機後，進行第二次市場調查，檢查樣機與消費者的期望還有什麼差距。根據消費者的意見，加以改造，再進入第三次市場調查，將改進的樣機交給消費者使用。在得到多數消費者的肯定後，才將結果提報總公司，經過批准交工廠試產。試製的產品先請市場開拓部門進一步調查：新產品有何優缺點，適合哪些人用，市場潛在銷售量有多大，訂什麼樣的價格才符合消費者購買力等。確定價格後，正式投產並推向市場。

事例二

研究垃圾使雪佛隆獲利

雪佛隆是美國的一家食品公司。為了掌握市場動向，了解消費者的狀況，做出正確的經營決策，在二十世紀八〇年代時，公司投入大量資金聘請美國亞利桑那大學人類學系的威廉‧雷茲教授，仔細研究垃圾。

教授和他的助手在每天垃圾收集日時，在垃圾堆中挑選出幾袋垃圾，將垃圾的內容依照原產品的名稱、重量、數量

包裝形式等加以分類。反覆進行約一年的分析和考察，結果取得相當準確的當地食品消費資訊。

公司得到這些資料後，根據資料中當地消費者的食品消費習慣、消費水平、口味偏好等，進行相應的決策，組織人力、物力，投入生產和銷售。如此一來，不但減少進入市場的風險，而且贏得高額利潤。

事例三

肯德基察而後動落戶京城

美國肯德基炸雞公司，開拓中國市場的成功，應該歸功於它對中國市場進行充分的調查。透過調查，收集多方資訊，然後進行科學的決策。

在進運中國京城之前，公司總部就派出一位董事前去考察，確保中國市場有潛力。這位執行董事親自在北京幾個主要街道上，用秒錶計算行人的客流量，大致估算出每日不同街道上的客流量。他還利用暑假，在北京設置試吃點，招聘經濟系的大學生，針對不同年齡、職業的人免費品嘗肯德基炸雞。北海公園就是肯德基市場調查的重要據點。

他們在公園裡佈置了一個舒適典雅的小餐廳，邀請來自各方的客人品嘗肯德基炸雞，然後請女服務生親切地詢問：「您覺得雞塊炸得如何？」「雞塊是否酥軟？」「雞塊水分會不會太多？」「胡椒味會不會太重？」「是否應該加點辣椒？」

「味精會不會太多？」「是否需要加其他調味料？」「雞塊大
小是否適中？」經過詳細的食品問題調查後，再徵詢顧客對
餐廳佈置的滿意度，然後記錄顧客的地址、職業、收入、婚
姻和家庭狀況等。

　　除了對客流量及炸雞味道、價格、店面設計等方面進行
調查分析外，執行董事還對北京的雞、油、鹽、麵、菜和北
京的雞飼料行業深入調查，並將樣品帶回美國統整、分析。

　　經過執行董事仔細的調查，1987年，美國肯德基炸雞
公司在北京前門正式開業，他們憑藉鮮嫩香酥的炸雞、乾淨
的餐具、淳樸的美國鄉村風格店面，贏得消費者好評，贏得
豐厚的利潤。

31 死地求生

·典出

《孫子兵法·九地篇》

「投之亡地然後存，陷之死地然後生。」意指陷入前後受阻的境地時，只有將士萬眾一心，拚死殺敵才能獲勝。

市場競爭非常激烈，企業的經營往往充滿各種風險，有時可能會陷入絕境。如果找不到出路，就會在絕境中垮台、破產。因此，在這種情況下，不應該被眼前的困難壓倒，而要冷靜地尋求新的商機、新的發展戰略，鼓勵員工眾志成城，才能在絕境中發現生機。

事例一

松下公司齊心度難關

松下是由松下幸之助創辦的大型電器王國。在它70多年的發展歷程中，曾多次陷入絕境，但是松下幸之助每次都憑著自己英明的決策度過難關。

二十世紀五○年代，日本經濟不景氣，松下的產品大量積壓。松下的兩位高級總裁武久和井植只好找松下幸之助商

量對策，他們認為只有裁員才能度過危機。松下幸之助憑著自己敏銳的判斷力，堅持不裁員。他認為：「裁員會暴露自己的缺點。如果其他公司趁機刁難，處境會愈加艱險。如果不裁員，別人就會認為我們有實力，不敢小看我們。」最後，決定改為半天班，薪資按以往全天的標準分發。

武久和井植回到公司，集合全體員工傳達松下的命令。員工聽到這個消息歡聲雷動，表示願意盡力為公司奮戰。公司上下萬眾一心，共度難關。其他公司聽說松下不裁員，上半天班卻發全天薪資，均認同松下的實力，認為他們一定具有回天的雄厚實力。

松下的全體員工齊心協力，一心想把公司從危境中拉出來，結果只用兩個月的時間，就把積壓的產品推銷出去。松下幸之助巧妙地運用了「死地求生」的智謀，使公司否極泰來，不愧為「經營之神」。

事例二

克萊斯勒起死回生

二十世紀七〇年代，美國汽車的「巨人」克萊斯勒出現嚴重的虧損。新上任的艾科卡為了讓公司「死地求生」，採取了一系列措施，並向政府求援。

然而，克萊斯勒請求政府支援的事，卻在全國引起軒然大波。人們議論紛紛，多數投反對票。他們的理由是保持自

由競爭，破產就讓它破產，市場體制的根本前提就是既允許成功也允許失敗，如果政府出面干涉，不僅要付出極高的代價，成功的希望也不大。

艾科卡為了得到輿論支持，刊登幾則獨特的廣告。在廣告詞裡，他自問自答一些棘手的問題：如果沒有克萊斯勒，美國的經濟會比較好嗎？回答是如果克萊斯勒倒閉，整個國家的失業率將上升5％；公司員工、經銷商和材料供應商加起來共60萬人，國家一年就得為失業保險和福利開支27億美元。結果，艾科卡的自問自答式廣告語贏得各界的聲援。工人的支持也是克萊斯勒公司起死回生的關鍵。為取得工人的理解和支持，艾科卡告誡工人：「如果你們不幫忙，我明天宣告破產，你們會全部失業。只有當我們有利潤時，才能利益均霑；只有生產率提高時，才能增加薪資。如果為多吃一口越來越小的餡餅而拼命爭奪，日本人就會把我們吃掉。」

於是，艾科卡獲得工人全面的支持。工人對公司做出很大的讓步，薪資每小時減少3.15美元，後來又減少2美元。工會也號召員工齊心協力共度這個難關。

在眾人的努力下，克萊斯勒終於走出低潮，度過危機，然後在世人面前重振雄風，成為美國汽車製造業的第三大巨人。

32 懸羊擊鼓

·典出

《戰略考·南宋》

敵勢全勝，我不能戰，則：必降；必和；必走。降則全敗，和則半敗，走則未敗。未敗者，勝之轉機也。如宋畢再遇與金人對壘，度金兵至者日眾，難與爭鋒。一夕拔營去，留旗幟於營，豫縛生羊懸之，置其前二足於鼓上，羊不堪懸，則足擊鼓有聲。金人不覺為空營，相持數日，乃覺，欲追之，則已遠矣。

1206年，南宋將領畢再遇與金兵對壘。金兵日增，宋軍兵少不能敵，便決定撤兵。撤退前，畢再遇讓士兵找來許多羊和鼓，將羊倒懸，使其蹄抵於鼓面上，羊被吊得難受，使勁掙扎，兩前蹄不停亂動。羊蹄敲響戰鼓，宋軍在一片鼓聲中悄然撤去。金兵聽到宋營中鼓聲不絕，不加懷疑，仍在調兵。幾天後，金兵才發覺上當，但宋兵早已遠去了。

「懸羊擊鼓」是以虛假的聲勢造成敵人的錯覺，從而掩飾自己真正的實力和行動意圖。應用在現代商場上，就是要利用各種複雜的環境，以假象欺騙對手，然後暗中進行策畫，達到出奇制勝的效果。

事例一

波爾格德伴勢中標

　　波爾格德是美國某大富豪的兒子，他從牛津大學畢業回國後，雖然想繼承父業從事石油開採，但有主見的波爾格德不想依靠家業做本錢，而打算白手起家，獨立創業。

　　不久，他從報紙上看到奧克拉荷馬州某個石油礦井的招標公告，就以有限的資金註冊一家公司，想去一試身手。然而，參加投標的商家很多，而且多半財大氣粗，競爭異常激烈。波爾格德自知不是對手，但又不願意放棄這個機會。經過一番苦思，終於想出一個險招。

　　招標那天，各路投標商家紛紛入場，且各個展現此標非我莫屬的自信。此時的波爾格德也是一身華貴的西服，氣度不凡地坐在投標者中最顯眼的位置。他的身邊還伴有一位頗有名氣的銀行家。頓時，招標場上所有投標者的注意力都集中在他身上，那些原本信心十足的投標者，見石油大王的兒子在座，身邊還有一位銀行家做後盾，頓時像洩了氣的皮球，開始坐立不安。他們認為自己絕非這位石油大王兒子的對手，甚至有人悄悄離開了會場。

　　招標開始起槌時，在座的投標者都把目光投向波爾格德，誰也不敢斗膽競價。結果，波爾格德輕易地以500美元的低價中標，取得石油礦井的開採權。

　　後來，這座礦井開採出大量的優質石油，波爾格德又當

機立斷，將這座礦井以4萬美元的價格出售，一轉手便賺取
了39500美元，是他投入的80倍。短倚幾年，年僅33歲的
波爾格德，就在全美開設了40餘家石油公司，成為像父親
一樣的大富翁。波爾格德的成功，「懸羊擊鼓」之計功不可
沒。

事例二

讓富士山穿上咖哩裝

　　日本的SB咖哩粉公司十年前還是一家產品滯銷、瀕臨
破產的小公司，現在SB已成為咖哩粉業的最大商家，國內
市場佔有率達50%以上。SB今日的成就，應歸功於一支特
別的廣告。

　　十年前，SB的營業收入不甚理想，公司的咖哩粉大量
積壓，為此公司跑馬燈似的一連換了三任總經理。

　　第四任總經理田中上任後，最初也無計可施，大家都知
道公司的咖哩粉滯銷，原因在於人們對SB的牌子非常陌
生。有一天，田中翻閱報紙，看到一則關於一間酒店員工罷
工的追蹤報導，文中說酒店的罷工問題已得到圓滿解決，酒
店復業了，而且生意興隆。

　　田中頓時醒悟，這家酒店復業後變得興旺，完全是無意
中借助新聞宣傳報導，使其知名度大增造成的。SB何不也
利用一招虛張聲勢吸引傳媒注意，為自己做無形的宣傳呢？

田中心想，不做則已，要做就要一鳴驚人。經過一番深思熟慮後，田中心生一計。

　　幾天後，日本的《讀者新聞》、《朝日新聞》等幾家報紙同時刊登了一則令每個日本人都震驚的廣告。廣告詞中宣稱：「SB決定雇用數架直升機，飛臨白雪皚皚的富士山頂上空，把咖哩粉撒在山頂上。那麼，人們看到的富士山將不再是白色，而是咖哩粉色了。」

　　富士山是日本的著名觀光勝地，它在日本乃至全世界人的心目中，已經成為日本的象徵。全國人民都無法忍受在如此神聖的地方隨意播撒咖哩粉。輿論界對SB的舉動批評越演越烈，在接近SB的飛機撒咖哩粉的前夕，報紙上突然又出現SB的一則鄭重聲明：「有鑒於社會各界人士的強烈反對，本公司決定取消原計畫。」

　　正當人們慶賀他們反對成功的同時，田中和公司也在慶賀他們的勝利，因為這時不但全日本都知道SB的名號，更重要的是，人們都錯誤地認為這是一家實力雄厚的大公司。結果，各經銷商紛紛主動上門，為其大力促銷SB咖哩粉，使得SB的咖哩粉成為暢銷貨。

33 拋磚引玉

·典出

《傳燈錄》

相傳唐代詩人常建，聽說趙嘏要去遊覽蘇州的靈岩寺。為了請趙嘏作詩，常建先在廟壁上題寫了兩句，趙嘏見到後，立刻提筆續寫兩句，而且比前兩句寫得好。後來文人稱常建的這種做法為「拋磚引玉」。「磚」，指的是小利、誘餌。「玉」，指的是作戰的目的，即大的勝利。意指用小利去迷惑、誘騙敵人，然後趁機將其擊潰。

在激烈的市場競爭中，當雙方勢均力敵、僵持不下時，就必須實施謀略，以計取勝。常言道：「欲釣金龜，須投香餌。」指的就是「拋磚引玉」的道理。經營上的「香餌」，一是故意暴露自己的弱點或意圖，用以迷惑或麻痺競爭對手，暗地裡卻準備另一種致勝措施，以達到出其不意地戰勝競爭對手的目的；二是採取有獎銷售、打折、饋贈等手段，以達到誘發顧客購買欲望的目的。

事例一

膠水市場的「拋磚引玉」

在小小的膠水市場上，也存在著非常激烈的競爭，若是想贏取大利，巧妙運用「拋磚引玉」之計可以帶來意想不到的收穫。香港有一家經營膠水生意的商店，手段巧妙。老闆為了推銷他的「強力萬能膠水」，不惜成本，在金飾店公開訂製一枚價值4500美元的金幣，並大肆宣揚要將這枚金幣貼在店門口。

當民眾對這枚金幣議論紛紛時，老闆又請來一批貴賓和記者，舉行一次別開生面的表演：在攝影機的鏡頭前，老闆拿出一瓶「強力膠水」，打開瓶蓋，將膠水塗在金幣上，然後輕輕地把金幣往牆上一貼，對貴賓和圍觀的人群聲明：誰要是能徒手將貼著的金幣取下，金幣就歸他所有。

消息一出，店門口瞬間人山人海，大家都想一睹這種「強力萬能膠水」的神奇之處，並睹一睹自己的運氣，看看能否將金幣拿下來。然而，無論如何用力，還是沒人能夠取下金幣。這個消息傳到某位小有名氣的氣功大師耳裡，他不相信有這種怪事，憑著自己「力拔千鈞」的功力，還怕對付不了一瓶破膠水？他立刻前去一試，結果同樣敗陣。

「強力萬能膠水」頓時聲名大噪，消費者絡繹不絕，老闆因此大賺一筆。

事例二

以「餌」釣「龜」重拾信譽

　　某商廈被查獲出售贗品，商廈的信譽受損。為了扭轉商廈的形象，重拾信譽，商廈利用各種宣傳媒體大造輿論：獎賞贗品舉報者。並將一輛寫著特等獎品字樣的麵包車停在商廈前。

　　結果，人潮湧入，大家都希望能夠得到價值可觀的獎品，當然也不乏對商廈的信賴。商廈平日營業額約八、九萬元，實行有獎銷售後，增至20多萬元。商廈前的麵包車也換成令人豔羨的轎車。那輛火紅的名牌車給人無限的真實感和難以抗拒的誘惑，櫃檯被擠得水泄不通，就連值班經理的辦公桌最後也變成收銀台。商廈的生意蒸蒸日上，甚至曾在1小時內售出過4萬元人民幣的物品，且一天的營業額　度高達45萬元。

　　商廈以獎品作「磚」，引來廣大的消費者這塊「玉」。雖然損失小利，但招攬來的生意卻遠超過付出的部分，隨之而來的是大筆的利潤和水漲船高的知名度。

34 空城計

·典出

《三十六計·敗戰計》

「虛則虛之，疑中生疑；剛柔之際，奇而復奇。」這是一種心理戰術，意指在己方無力守城的情況下，故意向敵人暴露我城內空虛，敵人產生懷疑，就會猶豫不前。

「空城計」講究的是虛虛實實，透過分析對手的心理狀態，以奇謀取勝。在當今激烈的市場競爭中，也有不少商家運用空城計而取勝的事例。他們為了迷惑競爭對手、以假像混淆其判斷、故意示弱，或有意識地限制自己的產品銷售，造成自己的產品在市場上供不應求的假象，以虛示實，一舉獲勝。

事例一

茶葉公司唱「空城計」銷售紅茶

正值茶葉收穫的季節，南方某省的茶農紛紛將茶葉交到茶葉收購站，使得本來庫存量就不少的茶葉進出口公司的庫存又大量增加，進出口公司的業務員苦惱不已。

　　這時，有外商想大量收購紅茶，進出口公司認為這是一個好機會，想趁此時將茶葉以高價銷出。為此，他們做了周密的計畫。在給外商樣品時，進出口公司將其他茶葉的價格按當時國際市場的行情逐一報出，唯獨提高紅茶的價格。

　　外商看了報價，當即提出疑問：「其他茶葉的價格與國際市場行情相符，為什麼紅茶的價格卻偏高？」進出口公司代表坦然應答：「紅茶報價高是因為今年紅茶收購量低，庫存量小，加上前來求購的客戶很多，所以只好漲價。中國人有句古話叫『物以稀為貴』，就是這個意思。」

　　外商對進出口公司所講的話存疑，交易暫時中止。幾天後，又有客戶前來詢盤。進出口公司照舊以同樣的理由，同樣的價格回覆他們：「紅茶收購量低、庫存量小，求購的客戶很多，才會漲價。」

　　事實真的是這樣嗎？如果需求量大而庫存小，那麼必須盡快簽訂合約，否則價格可能還會提高。雖然外商們對紅茶報價高心存疑問，但即使想去追查真正的產量與需求量等問題還是有困難，只能間接透過其他管道查詢。然而，向其他客戶詢問的結果與自己原先得到的答案一樣。

　　於是，外商立刻與進出口公司簽約購買紅茶，唯恐無貨可供。價格當然按照進出口公司的報價。如此一來，其他客戶紛紛仿效，結果，在很短的時間內就把積壓的紅茶銷售一空，賺取豐厚的利潤。這就是善用「空城計」的最好範例。

事例二

朱利奧餐館以「虛」贏大利

　　一般的餐館都有一份精緻的菜單，明列菜名、定價，供用餐的客人選擇。不過，朱利奧餐館雖然也有菜單，卻只有菜名而沒有定價。

　　為什麼沒有定價呢？菜單上有一行文字：「在本餐館用餐，上帝會給予祝福，所以菜單無須定價，請您用餐後自己決定菜價付款」。這行文字既對自己充滿信心，又對顧客充滿信賴。顧客絡繹不絕，經常座無虛席，成為當地餐館業中的一顆明星。

　　更令人驚奇的是，凡是來這裡用餐的客人，用餐後所付的款項都比實際菜價高。因為大家都有好勝心，有的人為了炫耀自己的名聲、地位和財富，出手大方，甚至高於菜價數倍。朱利奧因此發了一筆大財。

　　表面看來，朱利奧餐館這種由客人自行決定菜價的做法很冒險，如果用餐者都不付款或少付款，餐館就會賠本，但是餐館老闆的精明之處在於認清消費者的心理。因為這是一家大餐館，一般人很少光顧，來的幾乎都是有錢人或富商。這些人的虛榮心和自尊心很強，為了顯示自己的地位往往不惜破費。事實證明，這種不定價的「空城計」，確實為朱利奧餐館帶來巨大的利潤。

35 反間計

·典出

《三十六計·敗敵計》

「疑中之疑。比之自內，不自失也。」意指在疑陣中佈疑陣，使敵方歸附於我，我方就可萬無一失。

在現代商戰中，反間計可以廣泛應用在各種情況。敵中有我，我中有敵，使反間計蒙上神秘的色彩，而且往往是制服對手最有效的絕招。收買對手企業中的關鍵人物，使其為我所用，提供經濟、技術等情報，是反間計在現代商場上最直接的運用。

事例·

華爾街的陰謀

1868年，華爾街上發生一場爭奪薩斯克哈拉鐵路的大戰，爭奪的雙方都是當時名噪華爾街的人物，一方是鐵路運輸鉅子范德比爾特，一方是華爾街的暴發戶古爾德和費斯克。

薩斯克哈拉鐵路從紐約州的首府奧爾巴尼通到賓夕法尼

亞州北側的賓加姆頓，全程約227公里，具有優越的地理環境。賓加姆頓城自古就是煤炭集散地，現在更是如此，在其周圍有不少鐵路通往各大煤炭生產地，所以薩斯克哈拉鐵路就成為連接以紐約為首的東部工業城市與各煤炭產地的大動脈。這條鐵路南接古爾德的伊利鐵路，西達美國中部的芝加哥，使匹茲堡的鋼鐵及產油地的石油都可經此運抵紐約，這確實是一條生財之「道」。

為了增強自己的實力，打贏這場戰鬥，范德比爾特又與第爾結成同盟。說起第爾這個名字，在美國南北戰爭前的華爾街幾乎無人不知、無人不曉。他曾不擇手段使鐵路公司出現翻車、脫軌等事件，然後趁機大量收購這家公司因信譽危機而大幅跌價的股票，因此有「財產剝皮者」的臭名。有了第爾的加盟，范德比爾特如虎添翼，實力大增，勝利的天平似乎開始傾向范德比爾特這方。

然而，范德比爾特高興得太早了。古爾德和費斯克早就瞄準了第爾這個品性差的傢伙，面對金錢的誘惑，他一定會屈膝投降。於是，在某個夜晚，古爾德和費斯克攜鉅款拜訪第爾。一看到花花綠綠的鈔票，第爾頓時忘記過去的怨恨和自己的誓言，他爽快地答應古爾德的條件旄充當內奸。

接著，第爾便唆使范德比爾特大量購買伊利鐵路的股票，表面上是在為范德比爾特出計謀，鬆懈他的戒心，暗中卻與古爾德、費斯克勾結，印製大量假伊利鐵路股票。范德比爾特被第爾的笑臉迷惑，一直蒙在鼓裡，以大量現金買下這些「摻水」的股票。他為這些堆積如山、一文不值的廢紙

付出700萬美元的巨額。

脾氣暴躁的的范德比爾特知道事情的真相後，氣得暴跳如雷，但也於事無補，局勢已定。這就是中了「反間計」的結果。

事例二

震驚全球的「埃姆斯案」

全球著名的情報機構蘇聯克格勃，曾以反間計成功掌握了美國各種重要情報達9年之久。

1994年2月23日，美國聯邦調查局的特工們閃電般包圍了阿耿頓市郊的一座豪華別墅。當52歲的埃姆斯提著皮箱從屋內走出來時，特工們立刻給他帶上手銬。

埃姆斯從1962年開始就在美國中央情報局工作，自1985年被蘇聯收買以來，至少有十名美國情報局工作人員在海上執行特別任務時無故消失，還有一些在蘇聯的美國間諜突然被蘇聯秘密處死。有一個名叫霍華德的蘇聯間諜長期潛伏在美國，提供蘇聯大量的情報。當中央情報局對霍華德展開秘密調查時，霍華德突然出走，幾天後出現在莫斯科。中央情報局對這些情況大惑不解。事實上，上述離奇的事件都是埃姆斯的「傑作」。

終於埃姆斯還是露出馬腳，中央情報局在他家安裝竊聽裝置，才發現埃姆斯私通外國的犯罪事實。埃姆斯聽到風

聲，想逃往莫斯科。在他逃亡途中，被聯邦特工一舉擒獲。

　　醜聞曝光後，震驚美國。柯林頓總統下令對此事進行全面調查。蘇聯收買美國間諜為己所用，這招反間計技高一籌。原本總是算計別人的美國中央情報局，這次卻栽了個大筋斗。

36 欲取先與

·典出

《道德經》

「將欲去之，必固舉之；將欲奪之，必固予之。」意指想要取得它，必先暫時給予它，以驕其心，然後以退為進才能取得最後的勝利。

商場瞬息萬變，無論一個企業的實力有多強大，都有遇到困難的時候。正面相爭必然耗費很大的精力，有時不妨暫時示弱，採用以退為進的策略，滿足對手的願望。等到有可乘之機時，再以風捲殘雲之勢閃電出擊，必定能夠取得成功。若想贏得消費者，必須先讓利銷售，以滿足顧客的受惠心理，然後再擴大銷售量，逐步佔領市場。

事例一

哈瑞爾計取寶鹼

1960年，英國人哈瑞爾橫渡大西洋來到美國，買下一家製造噴式清潔劑的小公司，開始生產名為「配方409」的清潔液。二十世紀六〇年代的美國，噴式清潔液是個毫不起

眼的小市場，哈瑞爾獨具慧眼，再加上經營得法，1976年時幾乎佔領該產品的一半江山。

看著哈瑞爾財源滾滾來，被稱為「日用品大王」的寶鹼公司眼紅了，它想以自己雄厚的資金作後盾，迅速吃掉初出茅廬的哈瑞爾。於是，寶鹼立刻投入研製一種名為「新奇」的噴式清潔劑。「新奇」出來以後，寶鹼選擇科羅拉多州的丹佛市進行試銷，結果幾乎沒有遇到任何阻力而橫掃市場，大獲全勝。勢單力薄的哈瑞爾，彷彿聲勢重挫似的消失。

不過，事實正好相反，「配方409」不是消失，而是哈瑞爾採取了「驕兵戰略」，將「配方409」撤出丹佛這片市場。當然他並不是直接讓貨品從超級市場中下架，這麼做只會打草驚蛇，而是停止一切廣告和促銷活動，不再補貨，讓「配方409」在市場上自然消失。

寶鹼果然中計了。打慣勝仗的寶鹼人自以為哈瑞爾不堪一擊，等「新奇」正式上市後，席捲全國市場應該是輕而易舉的事情，卻沒想到對於哈瑞爾來說，戰鬥才剛開始。哈瑞爾把十六盎司裝和半磅裝的「配方409」合併，以遠低於市場價格的1.48元拋售，然後以廣告大肆宣傳。消費者面對這種空前的大優惠，果然趨之若鶩。當寶鹼聲勢浩大的展開「新奇」上市攻勢時，才發現原有的消費者都已經「吃飽」了，剩下少數新用戶。寶鹼頓時從希望的高峰跌到絕望的谷底，只好認輸退出噴式清潔劑市場。

在這一戰中，哈瑞爾充分運用「欲取先與」的計謀，他先退出市場，以驕對手之心，然後閃電出擊，一舉取得最後的勝利。

事例二 ～

哈默的「欲取先與」經營戰略

美國著名實業家阿曼德·哈默步入商界的第一步,是負責經營古德製藥廠。哈默不按習俗,在人人為「利」不惜一切代價時,他一反常態地做出「虧本經營」的決策。這個曾被許多人嘲笑的舉措,卻使他獲得最後的勝利。

古德製藥廠是哈默的父親投資開設的,長期以來因管理不善,產品滯銷,已瀕臨破產邊緣。哈默接手父親的工廠後,對美國醫藥市場進行了深入調查研究,決定對藥廠進行大規模的改造,尤其是在產品銷售上做到突破。當時,美國的藥品銷售有個慣例,各家藥廠生產的藥品都是把小包裝的樣品發送給住在藥廠附近的醫生,經過這些醫生使用樣品後,若覺得滿意,就開出藥方,讓病人們購買整瓶、整包的藥。

哈默在他的古德製藥廠研製出一批品種齊全、功效卓著的藥品後,他決定不按各藥廠的習慣做法只送出小包的樣品,而是大包的,甚至是一大罐。古德製藥廠送醫生的藥品,不像其他藥廠一樣用郵寄的,而是由本廠工作人員直接送到醫生那裡,與醫生直接見面。哈默買了各城市的地圖,把每個城市分成若干個區,指定本廠員工攜帶大包樣品和他親自寫的宣傳廣告資料,挨家挨戶拜訪醫生和附近的藥房。

哈默認為,各製藥廠把小包裝的藥物樣品分送給醫生,廠家太多,醫生對於這些小的樣品,尤其是那些沒有名氣的

小廠樣品，多半會隨手擱置在角落。這樣樣品發揮不了應有的作用。如果贈送大包樣品，大到讓任何一位醫生都捨不得丟掉，就可以給醫生「有信譽、有實力」的印象。想要自己的產品能夠賣出去並賺到錢，就要「欲取先與」，給醫生大包樣品，即使吃虧也值得。

幾個月後，各藥房和醫生都知道哈默的藥品，訂單像雪片般飛來。不久，古德製藥廠享譽全美。隨著業務的擴展，古德製藥廠後來改名為「聯合化學藥品公司」，成為世界上有名的大企業。

事例三 ∽

賭城的「饋贈」陰謀

美國新澤西州大西洋賭城的老闆，可以說是用「欲取先與」之計賺錢的高手。他明文規定，無論是從何地第一次來賭城的人，都將無條件提供車馬費，並免費供應一頓豐盛的自助餐，再饋贈15美元；再次來賭城的老顧客，則不僅有車馬費，還可以多獲得8美元的回贈。

其實，這是大西洋賭城老闆施用的欲賺錢先投資的計謀。試想，凡到賭城來的客人，純粹遊覽觀光的恐怕少之又少，絕大多數都是要來賭的。而來賭的人，不管運氣如何，到頭來都是賺少賠多，獲利的還是賭城老闆。他們支付車馬費，供應豐富的午餐，無非是想多吸引更多人到賭城來，而實際上事先支付的費用，只不過是賺回的鈔票中的零頭而已。

37 遠交近攻

・典出

《戰國策・秦策》

「范雎曰：『王不如遠交而近攻，得寸，則王之寸；得尺，亦王之尺也。』」意指分解敵人，各個擊破。先攻取就近的敵人，而與較遠的敵人結交，以免樹敵過多。

商場之中以利為重，沒有永久的敵人，也沒有永遠的朋友。今天可能是為爭奪市場鬧得面紅耳亦的仇人，明天可能會為了共同的利益合作。遠交近攻應用在商戰之中，就是要審時度勢，分析對手，建立有利的夥伴，才可以在激烈的市場競爭中分得一杯羹。

事例一

通用公司遠交近攻再創佳績

在二十世紀中之後，在世界汽車行業中出盡風頭的不再是福特，而是位於美國底特律市的通用汽車公司。然而，「富甲不過三代」，二十世紀八〇年代似乎註定通用汽車的坎坷命運。

1981年，通用汽車發生自六〇年代以來的首次年度虧損，虧損額高達7.6億美元。主要是來自日本的五十鈴、馬自達、三菱、本田、豐田等汽車公司猛烈攻擊的結果。日本人像是要雪洗二次大戰中受核彈摧殘之恥一樣，來勢洶洶，不但衝擊通用的汽車市場，還使通用的X型車因此出現大批退貨。

在對手強烈的攻勢下，通用汽車面臨前所未有的危機，負債劇增至原來的4倍，流動資金不足原來的1/5。這時，羅傑‧史密斯受命於危難之間，他決定停止生產本公司汽車，回頭與日本汽車商合作，確保自己所佔的市場份額。於是，他一邊裁員一邊想辦法與日本豐田汽車聯營，這樣就可以從豐田引進汽車到自己的銷售系統中。就在這時，豐田因為美國限制日本汽車進口，所以打算在美國本土製造汽車，但又不想冒太大風險，而有聯營的計畫。如此一來，豐田與通用一拍即合，1983年初，兩家公司宣佈正式聯營，並把新公司命名NUMMI旍新聯合汽車製造廠。

透過聯營，通用生產了大量物美價廉的汽車，使五十鈴、馬自達、三菱、本田等品牌的日本汽車無法輕易入侵市場，達到抑制對手、發展自己的效果。在史密斯上任的短短3年中，通用獲得高達50億美元的盈利。

38 鷸蚌相爭，漁翁得利

·典出

《戰國策·燕策》

趙且伐燕，蘇代為燕謂惠王曰：「今者臣來過易水，蚌方出曝，而鷸啄其肉，蚌合而鉗其喙。鷸曰：『今日不雨，明日不雨，即有死蚌。』蚌亦謂鷸曰：『今日不出，明日不出，即有死鷸。』兩者不肯相捨，漁者得而并禽之。」

在市場競爭中，企業要善於利用各方面的利益衝突關係，使敵手形成「鷸蚌相爭」的局面，然後靜觀其變，伺機出擊，就能坐收漁人之利。就像拍賣一樣，拍賣者利用買方之間的欲望和矛盾，競相提高價格，從中獲得高於商品實際價值的利潤。

事例一

尤伯羅斯的「漁人」之術

二十世紀八〇年代期，第23屆世界奧運會決定在美國洛杉磯舉行。世界各國大企業，如日產與福特汽車、可口可樂與白事可樂等，都打算在奧運會上大顯身手，打一場廣告

戰，讓自己公司的產品壓倒競爭對手，打入國際市場。

如果尤伯羅斯此時也參與廣告大戰，面對強硬的對手，激烈的競爭，多半會中箭落馬。經過冷靜分析、科學推斷，他不僅不打算捲入其中，還做出一個大膽的決策。他決定不接受美國政府的資助，個人承辦這次奧運會。消息傳出，舉國震驚，認為尤伯羅斯是在下賭注，完全是在進行一次希望渺茫的冒險。

然而，尤伯羅斯胸有成竹。雖然他知到有意申請參加贊助的公司和企業約一萬多家，只要一家贊助一萬元，就可以收入一億多美元，但這並非明智之舉。於是，他採取讓各公司和企業「鷸蚌相爭」而自己「漁翁得利」的辦法，聲明只接受三十個贊助公司和企業，同行業的公司和企業只接受一家，不過，每個公司和企業的贊助費至少要400萬美元。

結果，競爭白熱化。一些公司和企業為了獨佔鰲頭，競相提高贊助經費。可口可樂為壓制百事可樂，竟願意出高達1300萬美元的贊助費；日產與福特汽車、柯達與富士攝影器材也競相提高贊助金額。最後，尤伯羅斯坐收漁人之利，不僅成功地負擔第23屆奧運會的全部費用，還淨賺2億美元。

事例二

泰恆公司坐收漁利

東南亞的泰恆公司因為發展業務的需要，計畫從日本進口一批影印機。當時，日本生產影印機的廠商眾多，泰恆想利用這點，讓日本廠商「鷸蚌相爭」，自己「漁翁得利」。

泰恆先向日本各廠商放出風聲：要進口一大批影印機。消息一出，立刻引燃戰火。其中，日本的富士與另一家生產影印機的公司競爭尤為激烈。他們為爭奪影印機客戶和在東南亞的獨營權，競相壓價。

泰恆不動聲色，任由兩家日本公司競價。最後，富士報出破天荒的低價，使泰恆買到價廉物美的影印機。

39 人棄我取

· 典出

《史記 · 貨殖列傳》

「而白圭樂觀時變，故人棄我取，人取我與。」意指取回別人丟棄不要的，給予別人想要得到的。

若企業想獲得最大利潤，就應以獨特的眼光審視市場，大量購存供過於求而價格低廉的商品，等到市場上急切需要而求過於供、價格上漲時再出售，賺取巨額利潤。不過，這種經營策略通常只適合資金雄厚、具有戰略眼光的大型企業，而且要事先準確預測市場行情才能成功。如果沒有機智的頭腦、充足的資金，那麼謹慎考慮後再採取這種策略。

事例一

李嘉誠慧眼「識金」

二十世紀六〇年代後期的香港，局勢動盪不安，房地產大起大落。1967年又爆發反英抗暴事件，嚴重打擊投資者的信心。全香港的地價、樓價處於有價無市的狀態，建築業蕭條。港人紛紛賤價拋售房屋。香港面臨了戰後以來最嚴重

的地產業大危機。當時的「塑膠花大王」李嘉誠面對這種情況,展現了遠見卓識的才能。他認為蕭條過後,必然會出現地產業的黃金時期。於是,他採取了「人棄我取」的策略,在人們低價拋售房屋的同時,他不斷地買入,並將舊樓翻新出租,所得的利潤全部用於購買地皮。他採取各個擊破、集中處理的方式,將土地以點帶面,以面連片縱橫相錯地發展。

七〇年代後,香港經濟逐漸穩定下來,許多人又回到香港居住,他們購買房屋,以致地價暴漲,李嘉誠又採取「人取我與」的策略,終於成為香港的「地產鉅子」。

事例二

威爾遜的「人棄我取」

世界旅館大王、美國巨富威爾遜在創業初期,全部家當只有一台分期付款的爆米花機,價值50美元。二次大戰後,他累積了一點資本,決定從事地皮生意。當時人們普遍窮困,很少人有錢買地皮建房子,地皮價格低廉。

威爾遜預見數年後經濟一定會復甦,地皮價格必定會暴漲而有利可圖。於是,他利用手頭的全部資金再加一部分貸款,買下市郊一塊大地皮。這塊地皮地勢低窪,不適合耕種,更不適合蓋房子,一直無人問津。威爾遜親自到那裡查看兩次後,決定買下這塊全是草叢的荒涼地。

朋友和家人都強烈反對，但威爾遜堅持己見。他認為美國是戰勝國，經濟很快就會繁榮，城市人口會越來越多，市區將會不斷擴大，他買下的這塊地皮一定會成為黃金寶地。

結果，正如威爾遜所料，三年後，城市人口驟增，市區迅速發展，馬路一直增修到威爾遜購買的那塊地皮上。這時，人們才突然發現，此地的風景宜人，寬闊的密西西比河蜿蜒而過，大河兩岸，楊柳成蔭，是避暑的勝地。於是，這塊地皮身價倍增，許多商人爭相高價購買，但是威爾遜並不出售，反而在這塊地皮上蓋起汽車旅館，命名為「假日旅館」。

「假日旅館」地理位置好，舒適方便，開業後遊客盈門，生意興隆。威爾遜的假日旅館像雨後春筍般在全美及世界各地落成，使他成為旅館大王。

威爾遜的成功得益於這一塊地皮。他的「人棄我取」終於讓他登上世界旅館業的王座。

40 兵非益多

·典出

《孫子兵法·行軍篇》

「兵非益多也，惟無武進，足以並力、料敵、取人而已。夫惟無慮而易敵者，必擒於人。」意指兵力不在多，只要不輕敵冒進，並集中兵力，判明敵情之後進行攻擊，必能取勝。而既無深謀遠慮且輕敵的人，必為敵人所擒。

用在企業的經營上，所謂「兵非益多」就是產品不在多，而在於是否有主打產品作為市場競爭的核心。一個企業如果沒有自己的名牌產品，很難打進市場，更別說要佔領市場。而如果缺乏市場，企業也就無法生存和發展了。

因此，企業必須集中有限的人力、財力、物力創造自己的名牌產品。只有產品闖出名號，企業的聲譽和地位才有保證。

事例一

魯冠球「鍾情」萬向節

身為中國改革開放的風雲人物，魯冠球這個名字比他創立的公司更具知名度。他創造出令西方人也懾服的現代企

145

業，榮獲當代中國企業家的最高榮譽。美國《國際商業週刊》稱他是「中國最成功、雄心勃勃的企業家之一」。《華爾街》雜誌則稱其為「國家式的英雄」。

魯冠球能夠獲得成功，可歸功於他創造出了自己的品牌「錢潮牌」萬向節。

魯冠球的農機廠最初實行多元化經營，沒有自己的品牌。廠裡的產品五花八門，犁頭、軸承、鐵耙、萬向節等。雖然船小調頭快，但這種經營策略還是讓魯冠球精疲力竭，技術水平也無法提高。

魯冠球心想，兵不在多，而在精。一個企業想要有所發展，就要有可以搬得上檯面的產品，否則絕對打不出天下。於是，他開始注意報刊雜誌上的市場訊息，其中，有一則消息吸引他的注意：「國家計畫將汽車的貨運指標升到5.4億噸」。魯冠球心想，今後汽車量一定會增加，而修理汽車需要萬向節。一些大企業都不願生產這種精確度要求高、利潤薄的汽車零件。最後，魯冠球決定以萬向節為主打產品，創立品牌打進市場。

隨後，魯冠球深入調查，認為進口汽車的萬向節前景看好。於是，他毅然決定把現有價值70萬元的其他產品全部調整下架，成立蕭山萬向節廠，集中生產進口汽車萬向節。他將自己生產的萬向節帶進汽車零部件訂貨會，得到各汽車廠家的好評，很快就打開銷路。在國內市場站穩腳跟後，他又將萬向節打入國際市場，與美國通用汽車建立往來，獲得了巨大的成功。

事例二 ✐

馬獅只做一個品牌

連鎖店一般都提供多品牌的商品供顧客選購，即使同一種商品也有不同的品牌。然而，美國最大的連鎖店—馬獅集團卻實行統一品牌的市場策略，顧客從該集團連鎖店購買的商品都是「聖米高牌」。

馬獅原來也並非只有一種品牌，而是與許多零售商店一樣，各種品牌都有。但自從西蒙當上董事長後，他覺得這麼做不能使公司具備強大的競爭力，不可能將公司做大。於是，他積極與哥勒公司聯繫，制定只銷售「聖米高」服裝的策略。

馬獅經過多方考量，決定選用「聖米高」當成自身經營的統一品牌。他們認為，顧客面對不同的品牌，會感到眼花繚亂而無所適，統一品牌則可以克服這個缺點。再者，統一品牌後，由於規模效應的影響，廣告宣傳就變得無關緊要了，因此，可以大幅降低廣告費用。1981年，英國十大連鎖店中，馬獅的廣告費最低，只有7.4萬英磅，而最高的竟達96萬英磅。

使用統一品牌，最關鍵的是產品質量能夠贏得用戶信賴和廣大的用戶群，保持核心競爭力。西蒙運用整套「技術導向」的連鎖手法，把自己的經營思想滲透到生產機制中，對於產品的原料來源、生產技術等都嚴格把關，絕對不允許出

現任何質量問題。

在馬獅確定這種經營策略後，公司迅速發展壯大，並在市場中屹立不搖，這都得益於其「兵非益多」的思想。

41 八壇七蓋

·典出

清代胡雪巖名言

「八個壇七個蓋，蓋來蓋去不穿幫，這就是做生意。」
胡雪巖用10萬兩銀子的貨，在絲行與洋行之間巧與斡旋，輕
鬆談成100萬兩銀子的生意。

「八壇七蓋」就是要讓資本快速流通，在流通中才能產
生利潤，才能以小資本獲得大利益。在現代的企業經營中，
經常會出現資本不足的問題，這就有賴經營者「長袖善
舞」，巧妙利用自己擁有的資源，做出最大的成績來。

事例

李嘉誠小蛇吞大象

1979年底，李嘉誠打下二十世紀創業生涯中最成功、
最漂亮、最值得驕傲的一仗，即收購和記黃埔有限公司。
和記黃埔的前身屬於香港第二大「行」的和記洋行。
1975年被匯豐銀行收購，成立「和記黃埔」財團，經營貿
易、地產、運輸、金融等。它是香港十大財團名下最大的一

家上市公司，市值比「長實」多55億港元。相較之下，「和記黃埔」這頭大象名副其實，而「長江實業」只是一條小蛇。

其實，目光精準的李嘉誠一直密切注意「和記黃埔」的發展，他預測和記黃埔是一家極具發展潛力的集團公司。於是，李嘉誠積極與匯豐銀行來往，獲得匯豐銀行的欣賞和信任，並逐步收購和記黃埔的股票。

1980年10月，長江實業利用各種關係和策略，經過一年的收購，終於成功擁有超過40%和記黃埔的股權，李嘉誠正式出任老牌英資洋行和記黃埔有限公司的董事主席。長江實業以6億9300萬港元的資金，成功地控制價值50多億港元的和記黃埔。可謂小蛇吞大象。正如當時的和記黃埔董事主席兼行政總理韋理所說的：「李嘉誠此舉等於用美金2400萬做訂金，購得價值10多億美元的資產。」

李嘉誠這個以小制大的手法，實際上就是巧妙運用「八壇七蓋」術，為他創下了巨額的利潤。

42 不入虎穴，焉得虎子

・典出

《後漢書・班超傳》

「不入虎穴，焉得虎子。」比喻要做成一件事情，必須
承擔一定的風險。

在現代企業的經營管理中，總會遇到強勁的對手或難以
解決的問題，想要取得成功，必須冒相當的風險。這時，經
營者只有審時度勢，勇往直前，才能在危難中找到新的發展
契機。「不入虎穴，焉得虎子」，只有在風險中經營，才能
獲得最大的收益。

事例一

古青記的冒險生意

古青記是重慶最大的豬鬃出口商，也是最大的羊皮出口
商，生意興旺，但還是和其他商家一樣陷入了舉步維艱的境地。

1932年爆發「一二八」淞滬抗戰，戰場就在中國最大
的通商口岸上海。保險公司擔心輪船駛出租界的港口後，會
被日本兵艦在中國海域攔截或擊沈，於是宣佈不保兵險。這

個決定對中外出口商都是一個沈重的打擊，上海的出口業因此停頓兩個月。從皮貨行情來說，當時中國土特產在國外市場的行情大漲，而在國內的行情大跌。尤其是羊皮，因為羊皮非常嬌嫩，放在倉庫裡，容易變質。

兩個月不能出口，價格下跌，重慶經營羊皮的小商行，幾乎都因為資金周轉失靈而虧本倒閉。面對這種情況，古青記決定「不入虎穴，焉得虎子」，只有冒險出海，才有一線生機。於是，古青記立刻到上海，與德商德昌洋行達成共識，不要對方按出口貿易慣例：交貨即付款，而是等船開出上海吳淞口，兩天之後再付。兩天之內，如果船被日本軍艦在中國海域內攔截或擊沈，損失由古青記負責。兩天後，船順利到達公海，遠離中間海岸。

德昌洋行完全同意這筆交易，於是，古青記的羊皮就在日本軍艦和飛機砲擊、轟炸下，大批出口。古青記認為：這件事情表面看起來是在冒險，但是在國內行情大跌、國外行情大漲的情況下，冒險是值得的。如果不冒險，古青記就會像其他商行一樣，眼睜睜看著羊皮在倉庫裡腐爛。

結果，當別的皮貨商大虧本時，古青記卻發大財。自此以後，重慶的羊皮出口都被古青記壟斷。這得益於古青記勇往直前的策略。

事例二

在「槍林彈雨」中撿鈔票

　　白手起家的香港富豪馮景禧，一直秉持一種經營哲學：
風險就是機會。正因為如此，他才能在險峻的事業道路上不
斷成功。

　　二十世紀五〇年代，朝鮮戰爭爆發。美國凍結大陸在美
的資產，又封鎖南中國海，實行海上禁運。英美沆瀣一氣，
羅湖橋邊關成為不可逾越的國界，運往中國的物資，只能繞
道澳門。當時的中國急缺大批物品。馮景禧瞄準這個機會，
暗自思索：若能從事炸藥和醫藥的買賣，一定能夠大賺一
筆，而且又可以救援大陸。於是，他決定冒這個險。

　　最初，資本不足，馮景禧只能幫別人跑運輸，累積一點
資金後，他租了一條小船開始自營。那時這種生意非常危
險，不但有英國人刁難，還處處設置提防台，美國間諜也經
常出沒於此。儘管風險很大，但是可觀的利潤強烈地刺激著
馮景禧。

　　最後，馮景禧憑著特有的敏感和「不入虎穴，焉得虎子」
的幹勁，開始在槍林彈雨中的經商生涯。雖然有好幾次差點
丟了性命，但他還是成為這場戰爭中的幸運者，成功掘到第
一桶金。

43 反客為主

《三十六計 · 並戰計》

「乘隙插足，扼其主機，漸之進也。」意指戰爭中要化
被動為主動，設法取得勝利。

三國時期，袁紹想要攻取韓馥所佔據的冀州，於是，他
寫了一封信給公孫瓚，建議與他一起攻打冀州。公孫瓚聽到
這個建議，正中下懷，立刻發兵冀州。袁紹又暗中派人見韓
馥，說：「你何不聯合袁紹，對付公孫瓚，讓袁紹進城，冀
州不就保住了嗎？」

於是，韓馥邀請袁紹帶兵進入冀州。袁紹進入冀州後，
表面上尊重韓馥，實際上逐漸安排自己的部下陸續進駐冀州
的重要部門。這時，袁紹已經架空韓馥，反客為主了。

在現代商場中，競爭異常激烈，隨時都會陷入挨打的困
境。這時，應該沈著冷靜，尋找機會，爭取市場的主動權，
採行有效的決策，才能取得最後的勝利。

事例一

波音轉害為利

1988年4月27日，美國一架波音737飛機從檀香山起

飛不久就發生事故，機體局部爆炸，機艙地板嚴重變形。駕駛員把飛機降落到附近的機場，機上除了一名空姐在爆炸時從前艙頂蓋掀起的大洞中拋出而殉職外，其他人員及乘客無一傷亡。

波音是聞名全球的航空公司，發生這種事故可能會影響信譽，讓各界人士質疑波音飛機的品質。波音擔心負面的輿論會重挫銷售量，而且乘坐波音飛機的乘客也可能會大幅減少。因此，對於這次空中事故，波音沒有默不作聲，反而主動出擊，抓住這次事故，大做文章。

他們在事故調查答辯詞中解釋：「這次事故最主要是因為飛機太舊，金屬疲勞造成的。這架飛機飛了20年，起落9萬多次，遠超過保險係數。然而，飛機在空中發生事故後，仍然平安降落並最大限度地保全乘客和機組人員的生命。這就說明本公司飛機的質量具有一定的水準。」

波音的解釋，化被動為主動，這種「反客為主」的策略，果然收到效果，波音的形象不僅未受到損害，反而聲譽更高，並贏得廣大的市場。

事例二

迪士尼與米老鼠

狄斯奈樂園的創立者沃爾特·迪士尼，在創業階段也經歷了一次被動挨打的窘境，後來憑藉「反客為主」的謀略，

成功擊敗對手，獲得勝利。

　　迪士尼在製作卡通片《愛麗絲夢遊仙境》後，又為環球電影公司製作轟動一時的以兔子為明星的影片《幸動兔子奧斯華》。然而，正當他與環球公司老闆米菲洽談合約時，米菲卻把片酬壓得極低，而且聲稱已經挖走迪士尼手下的所有人，奧斯華片集的所有權應屬於環球公司。

　　迪士尼憤怒之極，決定設法改變這種被動局面，為此，他想出了一個「米老鼠」的形象，以更奇特誇張的造型製作一部《瘋狂的飛機》。由於與米菲有密約的人尚未離開製作場，迪士尼白天躲在車庫裡繪畫，夜晚到製作間拍攝，在極其保密的情況下完成了《瘋狂的飛機》和《汽船威利》。當時，正好出現有聲電影，迪士尼深信將來是有聲電影的天下，毅然賣掉心愛的汽車，跑遍好萊塢和紐約，尋找能為他的米老鼠及其他角色配音的人。

　　《瘋狂的飛機》、《汽船威利》公映後，老鼠米奇誇張的造型、滑稽的動作和幽默的聲音，令無數觀眾如癡如狂，電影公司的老闆們爭先恐後地找迪士尼購買米老鼠的劇集。老鼠米奇的出現使米菲的奧斯華新片黯然失色—米菲徹底輸了。迪士尼終於成功地「反客為主」，獲得空前的勝利。

事例三

哈默「反客為主」闖蘇聯

　　美國的億萬富翁、經營天才阿曼法市‧哈默，18歲就已經成為百萬富翁。1921年，年僅23歲的他，大膽創設流動醫院，攜帶大批醫療器材和藥品，浩浩蕩蕩地向蘇聯出發。

　　當時的蘇聯剛剛建立蘇維埃政權，對來自資本主義國家的人懷有高度的戒心。哈默遠來是「客」，為爭取主動，他把自己帶來的價值10萬美元的醫療設備無償捐贈給「主人」，用於拯救飽受瘟疫折磨的蘇聯人民。此舉使他很快贏得主人的好感。

　　當時饑荒在蘇聯大肆橫行，已被蘇聯人民接受的哈默聰明地抓住這個機會，從美國運來價伯100萬美元的小麥，賒銷給蘇聯政府。這對於蘇聯來說無疑是雪中送炭。列寧親自接見他，對他的所做所為給予高度讚揚，並賦予他在蘇聯從事工商業的特許權力。列寧的承諾提供他大顯身手的機會。

　　他終於在蘇聯掌握主動權。他成功說服福特汽車向蘇聯出口拖拉機，促成美國30餘家公司與蘇聯的生意，並從中賺取可觀的利潤。他在蘇聯成功地開辦了鉛筆廠，解決蘇聯鉛筆匱乏的窘境，投入生產的第一年就淨賺100萬美元。他把在蘇聯收購的古董和藝術品運到美國舉行展覽，盛況空前。在聖路易斯展銷的第一個星期，平均每天有2000餘人光顧，出售門票收入高達幾十萬美元。這對當時處於經濟蕭條的美國來說，可謂一項奇蹟。

44 兼弱攻昧

·典出

《書·仲虺之誥》

「兼弱攻昧，取亂侮之。」原指商湯征伐夏桀，夏桀衰弱昏昧，故加以兼併攻取。比喻吞併弱小勢力，壯大自己。

在現代的商場上，只靠企業自身的實力擴大規模，想要進入其他行業很困難，不妨兼併小公司來壯大自己。利用對方的產品、廠房和銷售渠道等資源，達到開拓更大的市場獲得更多利潤的目的。

事例一

雀巢公司的兼併術

瑞士雀巢公司以「雀巢」咖啡聞名於世，創業至今已有一百多年的歷史，它的發展壯大就是在不斷的兼併中完成的。

雀巢的策略是：收購合併競爭對手。這個經營策略，使雀巢在激烈的世界市場競爭中，站穩腳跟。

最初，瑞士有很多巧克力公司，雀巢也是巧克力的一份

子。它吞併比自己更弱小的巧克力公司，將其納入麾下，統一使用雀巢商標。不久，雀巢就取得不錯的市場份額和利潤。然而，瑞士是一個小國，人口少、市場小，雀巢不滿足於這狹小的空間，並將目標瞄準國外。擴張的第一站就是美國。

美國是最早發明煉乳技術的國家，十多年後煉乳技術才由美國傳到瑞士，雀巢想在煉乳上壓制美國很困難。為了使公司順利在美國市場上立足，雀巢又祭出一項絕招，亦即籌集巨資買進合併美國煉乳公司中的主要競爭對手，利用它們的技術，壟斷煉乳業。

1938年在咖啡生產過剩的影響下，雀巢在巴西的咖啡研究所經過8年的奮戰，成功地研發出即溶咖啡的生產技術。雀巢為確保即溶咖啡佔領世界市場，在多個國家都收購生產廠家，使得很多國家的即溶咖啡只有「雀巢」這個品牌。雀巢即溶咖啡很快風靡全球。百餘年來，幾乎可說無往不利。這應該歸功於「兼弱攻昧」的策略。

事例二

思科的快速發展策略

幾年前聽過思科公司的人很少，但現在思科幾乎在一夜之間從微軟和英代爾兩大霸主身上跨過去，成為資訊產業的「龍頭老大」。這歸功於錢伯斯善於運用「兼弱攻昧」策略。

錢伯斯只用了5年的時間，就把一個勢單力薄的小公司發展成為一個優秀的大企業，關鍵就在於他成功地收購許多公司。為了保證收購的質量，錢伯斯成立一個小組，專門獵取矽谷新興、快速成長且富有潛力的公司。收購必須滿足五個條件：第一，在未來的產業和科技發展中，每個合作者可以扮演自己的角色，但雙方的遠景要一致；第二，短期內必須贏得被收購公司員工的信任，思科收購的實際上是人，希望能夠留下優秀的人才；第三，雙方的長期戰略要一致；第四，觀念須相近。思科有專門的「文化員警」來考察被收購公司對思科的適應性；第五，大筆交易要考慮地域上的優勢，不可太遠。

　　錢伯斯認為，在收購公司的過程中，思科實際上在收購網路時代的未來，唯有兼容並蓄，才能壯大自己。在極短的時間裡，思科以188億美元完成48起收購，曾創造10天中吃掉4家公司的收購奇蹟。透過一系列的收購兼併，思科終於成為世界知名的優秀企業。

事例三

AT&T在兼併中成長

　　1993年8月16日，一則爆炸性的新聞在華爾街及美國電子業、通訊業引起轟動：美國電話電報公司（AT&T）將以價值126億美元的股票收購麥考蜂窩通信公司這家全美頭

號蜂窩電話公司。這則新聞策劃者就是號稱收購之王的
AT&T總裁羅伯特‧艾倫。

　　羅伯特‧艾倫上任後，為了擴張公司營運，使公司轉入
迅速發展的新市場，決定採用「兼弱攻昧」的策略來壯大自
己，於是，率領AT&T，策劃了對電腦、軟體、多媒體及其
他主要技術領域的連續投資。

　　1989年3月，收購帕拉代思公司和伊頓金融公司。
1989年6月，以1.35億美元和在美國電話電報國際網路系
統公司中20％的股份換購義大利通信技術設備生產廠家義大
利電訊公司20％的股份。1990年9月，又以75億美元兼併
國民現金出納機公司。1992年2月，以5億美元購入電腦生
產廠家特拉資料公司，從而進入大規模聯網電腦市場。
1993年4月，吞併英格蘭的沙亞通信公司，又打入無線數
位電話的行業。1993年8月，把在EO公司內的股份增加至
51％，並宣佈將GO公司併入EO公司。

　　艾倫瘋狂的兼併，使公司獲得巨大的利潤。這次出於競
爭戰略的考量，收購麥考不僅能確立公司未來的發展方向，
而且還能彌補公司在二十世紀八〇年代錯過發展蜂窩通信業
的失誤。收購麥考後，AT&T又獲得新的市場利潤增長點。

　　誠如艾倫自己所言，他的競爭策略是：「讓這些被兼併
的公司運轉，擴大我們在全國範圍內的勢力」。這個舉動確
實為AT&T帶來新的市場契機，使AT&T獲得極大的發展。

45 入國問俗

《禮記‧曲禮上》

「入境而問禁，入國而問俗，入門而問津。」意指進入他國之前，要先了解該國的風俗、禁忌，避免遇到無謂的麻煩。

《韓非子‧說林上》中有一則故事：魯國城有一對夫婦，男善編草鞋，女善結麻布。他們聽說越國是個魚米之鄉，富庶安寧，準備遷居到越國經商。鄰居勸阻道，越人從小光著腳板走路，蓬頭散髮，從不戴帽子，沒有人會買你們的草鞋和麻布。鄰居的話使他們打消去越國的念頭。

這個故事同時還傳達「入國問俗」的道理。應用在商品市場上，就是指產品要在一個地區爭取消費者，打開銷路，必須先了解當地的風俗民情、消費習慣和興趣愛好。在不同的市場上，鄉風民俗、歷史傳統等環境文化因素，對產品是否適銷影響甚大，是決定企業經營成敗與否的重要條件之一。只有善於識別、應用和改善環境文化，才能使企業順利打開他國市場，實現跨國經營。

事例一

雀巢咖啡行銷日本之謀

日本人與中國人一樣，自古以來就喜歡飲茶，隨著飲茶文化的發展，日本人越來越講究茶的品種、製作及茶具，茶道已經融入日本人的生活之中。因此，想要攻破已具歷史且成為嗜好的日本茶葉市場的城門，在日本市場上「閒庭信步」，可謂難如登天，但是雀巢咖啡卻成功了。

瑞士的雀巢咖啡為了攻入日本茶葉市場，事先對日本市場的情況進行詳細的調查。結果發現，戰後出生的年輕人比較開放，對新鮮事物易於接受，對咖啡的排斥性低於年紀人的人，而且男性的接受程度高於保守的女性。根據上述的結論，雀巢對不同的對象採取不同的行銷策略。

針對日本老年人習慣於飲茶，傳統文化觀念根深蒂固的情況，雀巢採取順水推舟之道，把咖啡極力塑造成日本風味的形象，以日本的傳統文化表現咖啡的味道。這麼做的目的在於降低老年人對咖啡的排斥感，絕對不是為了要他們喝咖啡而不飲茶。

針對日本的年輕人，雀巢則刻意塑造歡樂的氣氛，以新潮、時尚和愛情為主題，讓他們感受到雀巢咖啡超越國界的文化氛圍。

對於成熟、穩重、事業有成及有社會地位的中年人，則用金牌向作為宣傳口號，暗喻成功人士應該與金牌咖啡相匹

配。

　雀巢咖啡在「入國問俗」後，終於以有效的措施打開日本市場，引起當地消費者的認同和共鳴。

事例二

百事可樂失利日本

　聞名全球的百事可樂很早就致力於拓展海外市場，而且獲得空前的成功。但在拓展日本市場時，卻敗在競爭對手可口可樂之下。在日本很少見百事可樂的廣告，舉目都是可口可樂的文宣。百事可樂之所以在日本市場的失利，就是因為總體規畫沒有「入國問俗」，犯了嚴重的習俗忌諱，導致日本消費者對它望而生「厭」。

　在日本市場上，百事可樂並未改變自己濃厚的美國氣息品牌形象，採用的包裝和標誌顏色為黃、青、白、紅四色，且把黃色當成百事可樂的主色。然而，黃色雖深受美國人喜愛，卻是日本人最不喜歡的顏色。它的死對頭可口可樂，卻把自己的產品包裝成鮮紅色，結果很快就擄獲日本人的心。

　百事可樂在日本市場上敗走，再也不是可口可樂的對手，而所有的失敗都歸咎於沒有「入國問俗」。「入國問俗」是營銷的重要策略，是拓展市場必備的手段，企業的經營者一定要牢記。

46 因勢利導

·典出

《史記·孫子吳起列傳》

「善戰者因其勢而利導也。」意指善於作戰的人會根據敵軍的動勢，將自己引導到有利的方向。比喻順著事物發展的趨勢，加以引導、設計，從中獲得好處。

市場環境瞬息萬變，這些變化看似紛繁複雜，實際上卻有跡可循。想要緊跟潮流變化，就必須找到市場變化的主流和趨勢，順著市場發展的趨勢加以引導，才能使企業站穩在市場潮流的浪尖，引領消費，並抓住機會趁機壯大自己，取得競爭的勝利。

事例一

「變形金剛」暢銷中國

1986年，「孩兒寶」公司的變形金剛系列玩具在美國開始滯銷，於是，他們把目光瞄準中國市場。

由於中國實行一胎化政策，所以父母十分寵愛獨生子女，捨得對孩子進行各種投資，尤其是智力投資。變形金剛

是一種智力玩具，價格雖高，但在大城市有廣大的市場。針對這種情況，「孩兒寶」決定因勢利導，展開一系列銷售活動。

他們先將美國拍攝的《變形金剛》動畫片無償贈送給中國上海、廣州、武漢等城市的電視臺播放。每晚六點半準時播出，數以萬計的孩子們每晚都會坐在電視機前，收看奇形怪異、變化多端的變形金剛動畫片。變形金剛的系列動畫在孩子們的腦海中留下了深刻的印象，變形金剛的動作成為孩子們爭相模仿的對象。

「孩兒寶」見時機成熟，就讓變形金剛從螢幕上走下來，將大量多采多姿、活靈活現的變形金剛玩具投入中國市場。這時系列連續劇成為免費廣告，孩子們看到畫面上曾讓他們如癡如醉的變形金剛走進生活中，擺在商店的櫃檯上，簡直像著迷似的湧向商店。結果，變形金剛一舉打入中國玩具市場，幾年來一直暢銷不衰。

美國「孩兒寶」因此獲得豐厚的利潤。這正是因勢利導的結果。利用獨生子女的「勢」，巧借電視片，達到賣出變形金剛的目的。

事例二

沃德公司不循大勢坐以待斃

1892年，美國的沃德和他的弟弟湊集2400美元，在芝

加哥開設全美第一家全部透過郵寄來銷售各種商品的商店。
1929年底，商店已經增加到500家之多。然而，好景不
長，由於各種原因，1931年，沃德公司出現870萬美元的
巨額赤字。1932年，休厄爾‧埃弗里擔任沃德公司的董事
長，他召集一批年輕幹練的管理人才。12年後，他把1932
年870萬美元的虧損扭轉為1943年2043.8萬美元的盈利。

　　不過，沃德的經營佳績並沒有維持很久。沃德的事業蒸
蒸日上時，埃弗里「聰明的腦袋」卻犯了經驗主義的錯誤。
埃弗里認為，第一次大戰後經濟不景氣，第二次大戰結束後
也必定會發生經濟大蕭條。因此，在二次大戰後，埃弗里採
取袖手旁觀的態度，不因形勢變化而做任何努力。

　　不料，情況並沒有像埃弗里預測的，他估計的二次大戰
後的大蕭條不但沒有發生，反之，戰爭後人口大量增長，居
民購買日常生活用品的數量急劇增加。沃德的銷售方式顯然
不再適合現在的市場。可惜的是，沃德並沒有抓住機會，沒
有重新調整自己的經營方向，結果，沃德逐漸衰落，關閉許
多商店。

47 走爲上計

《南齊書·王敬則傳》

「檀公三十六策，走為上計。」「走為上計」是《三十六計》中的最後一計，意指在敵我力量懸殊的不利形勢下，我方難以取勝，最好的策略就是一走了之。而且在撤退後，可以尋求良機，再戰取勝。

「走為上計」是處於劣勢時轉敗為勝的最佳途徑。在現代商戰中，進取和退避是相互交替的，只退不進自然不會成功，但只進不退也非智者所為。進取和退避是矛盾的統一。就像產品的上架與下架，經營規模的擴大與縮小，市場的開拓與退讓等，都要視情況而定。有時面對強大的對手，應該選擇退避，保全自己，伺機而動。

事例一

松下幸之助撤退的哲學

1964年，日本松下通信工業公司突然宣佈不再做大型電子電腦，決定讓這項產品下架。

　　對於這個重大新聞，人們都感到十分震驚。松下已經花
5年的時間去研究開發，投下十多億元的巨額研究費用，眼
看著就要進入最後階段，卻突然全盤放棄。而且松下通信工
業的經營非常順利，不可能會發生財政困難，所以令人費
解。

　　事實上，松下幸之助是經過深思熟慮才做出這種決定
的。他認為當時大型電腦市場競爭異常激烈，萬一不慎出
錯，將對松下通信工業產生不利的影響。到時再撤退為時已
晚，不如趁現在尚有轉圜餘地時退出才是最好的時機。

　　事實上，像西門子、RCA這種世界性的公司，都陸續從
大型電腦的生產領域中撤退，廣人的美國市場幾乎全被IBM
獨佔。而且富士通、日立等7家公司都投入了相當多的資
金，搶攻市場，同時也賭上整個公司的命運。在這場競爭
中，無論勝負，松下都要用全部的精力來對付這場戰鬥。松
下幸之助權衡利弊後，認為這麼做並不值得，最後決定退
出。事實證明，松下幸之助的決定是正確的。其他日本公司
則在大型電腦領域中慘賠。

　　在競爭的激流中，能夠明智撤退是很困難的。松下幸之
助勇敢地奉行一般人都無法理解的撤退哲學。將「走為上」
之計運用自如，足見其眼光高人一等，不愧是日本商界的
「經營之神」。

事例二

希思「退一步海闊天空」

被稱為「美國電器業先鋒」的希思研製電爐成功後，就在自己的家鄉四處奔走，推銷他的產品。

他整整奔波4年。在這4年中，他不知跑了多少路，但無論他怎麼努力，就是無法說服當地人接受這種新產品。他多方尋找原因，終於明白，他的家鄉過於偏僻，當地人文化程度普遍不高，人們對電有一種莫名的恐懼，針對這個問題，他再三講解，但還是不被接受，一如既往地使用他們早已熟悉的煤炭爐。

面對當地人落後的觀念，希思知道再怎麼努力也是白費功夫，不如知難而退。於是，希思果斷地採取「走為上策」之計，從家鄉的電器市場上退出，轉往現代化大都市芝加哥，為自己的電爐打開市場。

後來，希思回想起這段經歷，感慨地說：「如果我還待在那個偏僻的小城，就永遠不會有今天輝煌的業績。」

48 先聲奪人

·典出

《左傳·昭公二十一年》

「軍志有之，先人有奪人之心。」意指作戰時，利用強大的聲勢打擊敵人的士氣。

在現代營銷中，經營者可以利用各種措施樹立良好的「品牌形象」，如此一來，消費者就會對品牌產生一種先入為主的認同，藉此贏得聲譽，刺激消費者的購買欲，達到先聲奪人的效果。

事例一

「康師傅」先聲奪人

二十世紀九〇年代初，台灣飲食企業紛紛涉足大陸，以京津為他們搶佔的首要制高點。當時大陸的速食麵業處於諸侯割據、群龍無首的局面，產品質次、品低，缺少可以龍頭名牌。

針對這種狀況，台商、港商都躍躍欲試，想要搶攻大陸的市場。結果，台灣頂新集團一馬當先，率先打出品牌，

「康師傅」的廣告大肆宣傳，人們睜開眼看到的、聽到的都是「康師傅」。「康師傅」因此走入了人們的生活。頂新集團先聲奪人推出了「康師傅」速食麵，一炮而紅，導致其他速食麵無法闖入內地市場。

「康師傅」搶佔了中國大陸的市場，連台灣飲食業的龍頭老大也被拋諸在後。一旦慢人一步，處於劣勢，就很難再奮起直追了。

頂新集團的成功，在於他不但先人一步，而且大造聲勢，在電視、報刊上大做廣告，以勢逼人，以聲服眾，這就是先聲奪人的精妙所在。

事例二

萊克波爾先聲奪人

在商戰中，萊克波爾利用公眾輿論焦點，開發與之吻合的產品，先聲奪人，經常趕在其他企業前，迅速贏得消費者，鞏固其市場地位。

當美國環境保護社會團體掛起各種類型宣傳牌後，越來越多民眾自動自發宣傳保護環境、淘汰污染環境的工業製品。萊克波爾的公司所在地區經常有隨意丟棄的殺蟲劑，這種殺蟲劑毒素高，在滅蚊蠅、蟑螂的同時，也會傷害種植的花草。這種情況已經引起居民的注意。萊克波爾認為，如果能夠研製一種既可殺蟲，又不會造成污染的殺蟲劑，一定會

廣受歡迎。

　　經過多次實驗，他從菊花中提煉出二氯苯醚菊酯的新型藥劑。這種藥劑只會消滅有害昆蟲，不會傷害植物，是有效的環保產品。當萊克波爾推出這種新殺蟲劑時，許多環境組織義務上街免費宣傳，使產品很快打開市場。

　　萊克波爾的公司會視公眾輿論而選定產品開發，而且會選擇較有市場潛在需要的產品。在推銷渠道與廣告選擇方面自然有一定優勢。因為公眾輿論代表社會存在的焦點問題，這些問題或多或少影響著人們的生活水平和購物心理，容易起到引導人們消費的作用。在大市場環境中，及早與公眾輿論取得一致看法的銷售攻勢，帶有一種先聲奪人的作用。無論一般的顧客是否有購物需要，都會受到這種攻勢的感染，心甘情願地購買商品，經營者就能夠趁機開拓市場。

49 與其臨淵羨漁，不如退而結網

·典出

《漢書·董仲舒傳》

「與其臨淵羨漁，不如退而結網。」意指與其站在岸上
羨慕別人捕魚，不如返回編織漁網。比喻想要成功，就要先
做好準備工作。

在企業的經營中，可能會發現很好的發展機會而沒有足
夠的實力去爭取，只好眼睜睜看著機會溜走。與其羨慕那些
抓住機會大力發展的企業，不如冷靜下來，瞄準目標，做好
準備工作。等到再有機會的時候，再趁機出擊致勝。

事例

圖得拉巧計賺油輪

委內瑞拉有一位著名的石油商人，名叫圖得拉。他原本
是一位有專長的地質工程師，但他非常看好石油行業，一直
想從事石油經營，但他既無資金，也沒有富裕的親朋友好可
以資助。

不過，圖得拉還是憑著聰明的商業頭腦，單槍匹馬闖入

了石油界。最後，成為擁有超級油輪石油海運公司的老闆，
縱橫石油王國，聲名遠播。

他是如何做到的呢？有一天，他從商業報紙上偶然看到
兩則消息：一則是阿根廷丁烷奇缺，牛肉過剩，阿根廷某間
商店急切求購2000萬美元的丁烷，並準備2000萬美元的牛
肉交換；另一則是造船工業發達的西班牙，各種船舶生產過
剩，部分造船廠商正在尋找銷路，並願意提供優惠價格。圖
得拉把這兩則消息連結起來，認為這是個賺錢的好機會。

於是，他先飛到西班牙，與造船廠洽談購買一艘造價
2000萬美元的超級油輪。他告訴廠商，他拿不出這麼多現
款，不過可以改用價值2000美元的牛肉抵償。造船廠商正
為如此昂貴的超級油輪賣不出去而發愁，當即接受圖得拉的
意見，雙方簽訂合約。

隨後，圖得拉找到一家委內瑞拉石油公司，提出以購買
2000萬美元的丁烷為交換條件，將剛從西班牙購買到的超
級油輪租給對方。需用油輪甚急的這家石油公司當然一口答
應。接著，圖得拉飛到阿根廷，找到急切求購2000萬美元
丁烷的商家，要求對方提供2000萬美元的牛肉，交換2000
萬美元的丁烷。商家同樣立刻簽訂商品交換的協定，順利調
到2000萬美元的過剩牛肉給圖得拉。

圖得拉直接將這2000萬美元的牛肉運抵西班牙，交給
造船廠，再將同等價值的超級油輪駛回，租給委內瑞拉的石
油公司。租約期滿後，這艘超級油輪自然就成為圖得拉的私
人財產。

結果，圖得拉終於「結成網」，擁有自己的資本。然後，他開設一家石油運輸公司，從事石油營運，很快就用「網」捕到「魚」，實現最初的夢想。

50 順水推舟

·典出

《竇娥冤》

「卻原來也這般順水推船。」比喻順勢行事；因利乘便。《孫子兵法》中說：「激水之疾，至於漂石者，勢也。」意指水勢若強，即使是重石，也可以載動。

順水推舟的好處在於，只要使小力，就能達到驅舟行船的目的。處於現代商場的企業，應該善於識別時勢，順勢而行，才能取得事半功倍的效果。

事例一

「YAMAHA」的順勢法則

「YAMAHA」這個名字之所以能夠享譽日本，風靡全球，與日本樂器公司能夠順勢行事有直接的原因。

自二十世紀六〇年代開始，日本樂器公司利用其生產的

各種樂器，大肆宣傳，提倡音樂活動，並以YAMAHA音樂振興會為名，在日本各地開辦YAMAHA音樂輔導班，讓人們逐漸對音樂產生興趣。據了解，1986年，已在日本國內舉辦高達9500多個音樂輔導班，學員有60多萬人。在此同時，日本樂器公司以「音樂遠銷國界」為口號，使其音樂活動成為YAMAHA走向世界的跳板。現在，它已在世界三十多個國家設有五百多個輔導班，擁有三百多萬名學員。此外，每年還以YAMAHA的名義主辦演奏比賽、世界民謠節活動等。隨著音樂活動的普及，YAMAHA的知名度水漲船高，買YAMAHA樂器的人也越來越多了。

日本樂器公司利用YAMAHA之勢「順水推舟」，運用自己經營樂器的力量，大肆宣傳YAMAHA，並以「推廣音樂」為名，乘勢出擊。

正當YAMAHA勢頭正旺時，日本樂器公司又借勢開展「以樂器為主，多角經營」的策略，充分利用YAMAHA先進的機械技術，生產家具、室內設備及體育運動器材等。這些延伸的產品，均使用YAMAHA這個牌子。

由此可見，一個企業要想興旺發達，就應該充分借用時勢或利用自己的優勢。唯有順勢而行，才能在商場上縱橫馳騁。

事例二 ⌒

李維成功靠順勢

　　自從美國加州發現黃金以來，淘金者紛紛湧入。他們整天在露天的工地裡工作，十分需要一種適應環境且耐磨的褲子。針對這種情況，李維‧史特勞斯順應局勢，利用帆布製作工作褲，結果迅速得到眾多淘金者的歡迎。李維因此一炮打響名聲。

　　不過，李維認為尚未成功，他繼續思考如何順趨勢，謀取更大的利潤。1853年，他成立「李維‧史特勞斯公司」，專門生產帆布褲。

　　帆布褲以堅固耐磨而受淘金者青睞，從經營者角度來看，李維決定要使這種褲子變得更完美，使其符合礦工以外的更多消費者需求。基於這種構想，李維設立服裝加工廠及設計室，研究改進帆布褲。首先，將短褲改成長褲，可防止礦場蚊蟲的叮咬，再把褲子臀部的口袋，從原來的縫製改成用金屬釘牢。因為礦工們經常把礦石樣品放進褲袋，用線縫容易裂開，扣子則用銅與鋅合金，重要的部分還用皮革鑲邊。為方便礦工收集不同的礦石樣品，他還在褲子上縫製多個口袋。後來覺得帆布太硬，穿著不舒適，又改用法國尼姆

的嗶嘰布為原料，既耐用又柔軟。

　　透過一系列的改進，褲子變得更完美，受到人們歡迎，而且逐漸在美國西部流行。李維又乘勢把褲子的型線改縫得更合身，結果，廣受年輕人喜愛。不久，又改成「牛仔」的特有樣式，風行全美。

　　李維的成功應該歸於「順水推舟」，讓公司得到長足的發展。

51 連環計

·典出

《三十六計·敗戰計》

「將多兵眾，不可以敵，使其自累，以殺其勢。在師中吉，承天寵也。」意指敵方力量強大時不可硬拼，而要用計令其出錯，藉以消弱敵方的戰鬥力。巧妙地運用謀略，則如有天神相助。

連環計，指多計並用，計計相連，環環相扣，引起對方發生連鎖性反應，或激起敵方多方面摩擦的計謀，從而達到自己的目的。

《三國演義》中有一回「王允巧施連環計」，指的是司徒王允巧設美人連環計，先將貂蟬許呂布，後又送給董卓，藉此激怒呂布，挑起二人為爭奪女色而廝殺的故事。王允用的是以女色為武器的連環計。

部分小企業在競爭對手強大的壓力下，可以視情況採取連環計，以弱勝強，奪取市場。

事例一

「精工」連環勝瑞士

日本的「精工」錶與瑞士錶曾在歐洲市場上發生過激烈的競爭，結果「精工」錶以「連環計」取勝，成功打入歐洲市場。

在世界鐘錶行業，瑞士錶素以工藝高超、品質一流著稱，為廣大消費者所青睞，幾乎佔領整個歐洲市場。日本的「精工」錶想要與瑞士錶一爭高低，打入歐洲市場，成功的機率相當渺茫。

然而，日本的「精工」錶生產公司卻充滿自信，他們採取兩步連環的策略，果然順利打開歐洲市場。

第一步，先在瑞士找到一家行銷網路較大的鐘錶公司作為其代理商，並以此為立足點開始發展。由於這家代理商的連鎖網路十分強大，加上「精工」錶確實有質藝雙馨的特色，所以很容易就被市場接受了。

不過，外來的「精工」錶想要覆蓋鐘錶王國瑞士卻不容易。為此，「精工」錶生產公司又巧施一計，進攻希臘，搶佔這個通向英國、法國、德國等歐洲市場的橋頭堡。當時，在英、法、德等國舉行的世界性體育比賽多，「精工」錶就

抓住這個機會，投入巨資，爭取到1965年在英國舉行的世界業餘摔跤錦標賽上的比賽計時錶權，在歐洲消費者中樹立起了「精工」錶計時精確的良好形象。結果，「精工」錶的銷售量大增，銷售量由4000只增加到60萬只，具有壓倒瑞士錶之勢。

「精工」錶與瑞士錶較量所獲得的成功，就是巧妙採取連環計的緣故。

事例二

「野馬之父」的推銷術

在美國被譽為「野馬之父」的艾柯卡，也是善於運用連環計的名人。

艾柯卡推銷「野馬」汽車時，投入大筆廣告宣傳費。不過，他並不像一般企業一樣只單純在電視或報紙上做廣告。而是採取「集束手榴彈」的方法，將媒體組合起來，連環進行廣告轟炸，一舉打開市場。

1、舉辦「野馬」車越野大賽，以豐厚的禮遇，特邀各大報社、電視臺等百餘家傳媒現場採訪，近千篇文章和圖片報導賽事盛況，在民眾中造成深遠的影響。

2、每一輛「野馬」新產品投放市場之前，均在全美最具影響力的《時代週刊》和《新聞週刊》上刊登整版廣告，並搭配煽動性的廣告詞吸引讀者的注意力。

　　3、在公眾密集的場合，以及一些大型停車場，製作巨型野馬汽車廣告招牌，藉此招攬客戶。

　　4、在全美最大的飛機場、車站、賓館和商城的門前或大廳，陳列「野馬」樣車，以激發消費者的購買欲望。

　　5、將「野馬」汽車廣告及售後服務資料寄給全美各大城市的汽車經銷商，拓廣「野馬」汽車的市場。

　　艾柯卡的連環廣告相當成功。他經營的「野馬」汽車銷量由預計中的一年5000輛，增加到40多萬輛。最初的兩年，就獲利11億美金。

52 海納百川，有容乃大

・典出

《莊子・秋水篇》

「天下之水莫大於海，萬川納之。」「海納百川，有容乃
大。」意指大海之所以能夠匯納百水，是因為它有大的容
量。比喻有容人之量。

現代企業的競爭是以人才為基礎的全方位競爭。身為優
秀的經營者，最可貴的是要容納各方面的人才：策劃、宣
傳、組織、技術、業務、公關及管理等的人才。只有充分運
用旗下人才的創造力，才能使事業如虎添翼，不斷創新。任
人唯賢、尊重並重視人才，是任何一個成功企業的取勝之
道。

事例一

麥當勞的人才觀

聞名世界的麥當勞是一個真正的人才大熔爐。麥當勞的員工都有各自不同的背景和特色。其中包括在紐約市當過員警的鄧納姆、大學教授特雷斯曼、法官史密斯、銀行家西羅克曼、猶太傳教士凱茨、前美國共產黨員舒派克、服裝銷售業出身的科恩布科斯、牙醫瓦盧左博士，以及軍官、籃球明星、足球運動員等。

　　麥當勞的人才來自於你能夠想像到的任何職業。他們當中有許多脾氣古怪的人，但麥當勞都能夠容忍他們，並給予極大的自由，讓他們發揮所長。雖然麥當勞要求作業程式必須統一，但並不以高壓政策管理員工。麥當勞的員工都對工作充滿興趣，而且他們的工作表現都能夠得到公司充分的尊重。

　　克羅克的用人哲學是，只要是人才，能夠為公司帶來效益，那麼企業就能夠容納他。克羅克舉止高貴，談吐優雅，討厭衣裝不整、舉止散亂的人。但是只要這樣的人能夠對麥當勞做出貢獻，他就能夠忍受他們的怪異，甚至賦予很高的權力。克羅克討厭長頭髮，但卻提拔長髮的克萊恩出任廣告經理，因為他是設計出麥當勞叔叔的功臣。克羅克也看不慣別人上班衣裝不整，但對現任的董事長透納脫掉外套，捲起袖子辦公的樣子卻視而不見。

在大部分連鎖事業的中，為了擴大公司規模，提拔的管理人員多半為業務型人才。然而，麥當勞卻擁有營運、企畫、財務、不動產、器材、建築設計、食物採購、廣告等各式各樣的人才，建立了一個健全、平衡的組織。

事例二 ∽

聖戈班集團的輝煌

世界500強之一的法國聖戈班公司創始於1665年，總部設在法國巴黎，是藉由網羅人才、重用人才獲得成功的典型例子。

1991年，聖戈班的銷售額為133.11億美元，利潤為4.44億美元，雇員為104653人，在世界500強中名列第九十二位，歷經300年的滄桑，它由一家只生產玻璃的小廠發展為世界上平板玻璃、絕緣材料、建築材料、引力和衛生用鑄鐵管通、包裝玻璃、包裝紙、木製品、加固纖維、工業用陶瓷材料和研磨材料等產品的最大生產商和銷售商。按銷售額排列，聖戈班已經連續數年被《幸福》雜誌列為100家世界最大企業，它同時也是法國十大工業企業集團之一。

在300多年不敗的經營歷史中，在100多年的全球經營
戰略中，聖戈班集團始終將科學研究和產品開發放在第一
位，因此保持世界市場的競爭力，而這些都是聖戈班集團廣
納賢才的結果。這些人才紛紛發揮各自的聰明才智，把聖戈
班的事業推向高峰。聖戈班擁有各種類型的人才，成為集團
發展的主要動力。尤其是在研究和開發上，聖戈班集團獲得
數個國家研究中心的支持和幫助，使它的產品始終維持在世
界領先地位。

總結聖戈班集團的成功秘訣就是：廣納賢才，以人為
本。而這正是「海納百川，有容乃大」的明證。

事例三

亨利‧福特的用人得失

在美國，亨利‧福特曾經是許多人崇拜的偶像。一些大
學生曾將其列為有史以來僅次於拿破崙和耶穌基督的第三號
偉人。某個南美作家也說，在巴西人眼裡，福特與克倫威
爾、培根、哥倫布、巴斯德和摩西齊名。不過，即使是這樣
一個聲名顯赫的人物，最先也只不是一名普通的技工。從

1889年開始，他曾兩度創辦汽車公司，但都慘遭滑鐵盧。
1903年他第三次創辦汽車公司，聘請管理專家詹姆斯·庫
茲恩斯出任經理。庫茲恩斯經過深入的市場調查，提出福特
汽車要走大眾化的道路，並為福特設計第一條汽車裝配動
線，結果，提高80倍勞動生產率。

得到「汽車大王」美譽的福特，被勝利沖昏頭，變得自
以為是，獨斷專行。他排斥意見歧異者，宣稱要「清掃擋道
的老鼠」。為此，他先後開除一批對公司具有重要貢獻的關
鍵人物，例如被稱為「世界推銷冠軍」的霍金斯、有「技術
三魔」美稱的詹姆、「機床專家」摩爾根、傳送帶組裝創始
人克郎和艾夫利、「生產專家」努森、「法律智囊」拉索，
以及副總裁克林根史密斯等。

「千軍易得，一將難求」。福特卻一口氣將公司內最優秀
的生產、技術管理等方面的專家一一放逐，使公司喪失昔日
的活力。在接下來的時間裡，福特逐漸走向衰落，等到福特
二世接手時，公司每月虧損達900多萬美元。這就是不能接
納人才的後果。

53 唯變則通

·典出

《易·繫辭下》

「易窮則變,變則通。」意指不應墨守陳規舊制,而要勇於改變。

戰國時代,商鞅變法,從而秦國大興,得到了前所未有的發展。

美國經營管理專家約翰·沃洛諾夫說:「為了使企業邁向成功之途,只維持現狀是不夠的,必須做大幅度的修正、改革與改良,其中最重要的是『創新』。」

在現代企業的管理上,應該針對市場發展的趨勢,不斷推出新的經營方式,透過徹底清除商品生產和推銷各個環節的問題,實現全面的改革。「變則通」,唯有不斷變革,才能使企業持續壯大,邁向成功。

事例一

「變革才能生存」

二十世紀七〇年代,正當克萊斯勒因經營管理不善而陷

於絕境時，艾柯卡執掌公司帥印。他為了收拾這個爛攤子，展開大規模的深入調查，結果發現公司存在著致命的弱點，如紀律鬆散、囤積庫存等。

艾柯卡在董事會上堅決表示：「我們必須採取堅硬的變革措施，只有變革才能生存，否則克萊斯勒將就此消失。」他首先從裁員減薪、減少勞務開支著手，大幅裁掉身居高位卻毫無建樹的平庸之輩。因此，公司35位副總裁被辭退33位，高層部門經理也被裁掉24位。另外，他解雇員工達29萬多人，裁員率高達50％。1700多名高級職員減薪10％，職位較低的職員則減薪2％至5％，同時宣佈公司盈利之後，將重新補發削減的薪資。結果，僅工資支出就節省了6億美元。

艾柯卡還人力改善庫存管理、壓縮庫存等費用。他大膽引進日本豐田汽車「及時進貨、及時使用、快速迴圈」的經營方式，還採取「關、停、轉、賣」幾項措施，在52個工廠中，關閉、變賣16個，合併轉產4個，產量、車型和銷售量相對減少，使企業規模「消瘦」1/3。在壓縮企業規模的同時，艾柯卡還注意使工廠和倉庫佈局相對集中，就近使用。把火車運輸改為汽車運輸，每年節省庫存費用開支4.5億美元。在此同時，艾柯卡還倡導設計製造部門積極研發各種車型使用相同的零部件，將公司生產的零配件從7萬多種

減少到4000多種，使進貨、庫存變得更有效率。這些措施使公司的年庫存費用由21億美元減至12億美元。

此外，艾柯卡更將採購策略從內部迴圈改為外部購進，大幅降低零件成本。藉著一系列的變革，克萊斯勒總算走出低潮，1980年轉虧為盈，1982年贏利11.7億美元，還清13億美元的短期債務。1983年贏利19億美元，1984年贏利24億美元。

事例二

A&P公司呆板經營失敗

A&P公司（大西洋和太平洋茶葉聯合公司）是一家大規模的食品連鎖店。作為「美國零售食品之王」，它經常受到競爭對手的攻擊。隨著沒沒無聞的塞夫威公司迅速發展成為第二大食品連鎖店，A&P的市場佔有率受到嚴重威脅，銷售額和利潤急劇下降。

正當A&P停滯不前時，1971年，59歲的威廉·J·凱恩接任董事長兼總裁的職務。剛上任的凱恩因循守舊，重新採取以前辦「經濟商店」的老方法來駕馭龐大的A&P。凱恩

企圖透過降低價格、縮減利潤，奪回失去的顧客。結果，在實施這種超級廉價活動的一年內，情況變得更糟，與凱恩原來的期望截然相反。

這時，大型聯合企業海灣與西部工業公司乘虛而入，想一舉吞併A&P。為了拉攏對A&P管理不滿的股東，願意提供誘人的375萬股股份。A&P內部發生動搖。同時，A&P公司的降價策略也使競爭對手記恨在心，而在毛利率已經很微薄的行業中有「惡霸」的聲名。其他商店聯合抵制，採取同進同退，想整垮A&P。

面對食品價格持續上漲，以及眾多股東要求減少虧損的壓力，加上海灣與西部工業公司的覬覦，A&P只好急速提高商品的售價。但這樣一來，原有的顧客又因此銳減。最後被塞夫威公司取代，成為美國最大的食品零售企業。

A&P失敗的根本原因，在於公司的領導人經營死板，不知變通，而落到失敗的下場。

54 無中生有

·典出

《三十六計·敵戰計》

「誑也，非誑也，實其所誑也。少陰、太陰、太陽。」
意指真中有假，假中有真，虛實互變，擾亂敵人，使敵人判
斷失誤，行動失誤，然後乘機取勝。

　　唐朝安史之亂時，許多地方官吏紛紛投靠安祿山、史思
明。唐將張巡忠於唐室，不肯投敵，他率領三千人的軍隊守
孤城雍丘。安祿山派降將令孤潮率四萬人馬圍攻雍丘城。敵
眾我寡，張巡急命軍中搜集秸草，紮成千餘個草人，將草人
披上黑衣，夜晚用繩子慢慢往城下吊。夜幕之中，令孤潮以
為張巡乘夜出兵偷襲，急命部隊萬箭齊發，急如驟雨，結
果，張巡輕而易舉獲得敵箭數十萬支。孤潮知道中計，氣急
敗壞，後悔不已。次日夜晚，張巡又從城上往下吊草人，賊
眾見狀，哈哈大笑。張巡見敵人已被麻痺，就迅速吊下五百
名勇士，敵兵仍不在意。五百勇士在夜幕掩護下，迅速潛入

敵營，殺得令孤潮措手不及，營中大亂。張巡乘此機會，率部眾衝出城，重挫令孤潮，以無中生有之計保住雍丘城。

此計應用在現代商場上，就是要由虛而實，由假而真，在沒有條件時巧妙地創造條件，在沒有市場時另闢蹊徑開拓市場，才能出奇制勝。

事例一

巧妙的組合

美國加州女商人荷信的女性友人懷孕，荷信想送禮物表示祝賀。於是，她將一條養金魚換水用的吸水管兩端分別連接漏斗和噴漆工人用的防護口罩，取名為「母親與胎兒通話器」，送給這位懷孕的朋友。荷信原本只想與朋友開個玩笑，誰知這個禮物大受歡迎，她的朋友真的利用它來跟胎兒說話。

荷信向心理學家諮詢，得知孕婦在嬰兒未出生前，用自言自語的方法與胎兒說話，有助於幫助嬰兒建立自信心，提高孩子的學習能力。然後，她靈機一動，立刻集資製造這種「母子通話器」，並申請專利權。產品上市後，大受歡迎，很

快就熱銷一空。

這種以假成真的「無中生有」使荷信賺大錢。

無獨有偶，指南針和地毯原本是風馬牛不相干的兩件物品，比利時的某個商人卻把它們結合起來，同樣賺取豐厚的利潤。

在阿拉伯國家，虔誠的穆斯林每日祈禱，無論在家或是旅行中，都守時不輟。穆斯林祈禱的一大特點是祈禱者一定要面向聖城麥加。針對這種情況，一位名叫范德維格的比利時地毯商，聰明地將指南針嵌入祈禱地毯。指南針指的不是正南正北，而是麥加方向。新產品一推出，在有穆斯林居住的地區，立即成為搶手貨。

事例二

蘭麗公司的「無中生有」

1976年10月，美國加州蘭麗公司的台灣代理商在報紙上刊登一則廣告，畫面是用細線條畫成的一隻手和幾隻手。標題是：「很久以前，一雙手展開了一個美麗的傳奇故事！」並註明故事的內容已經被編成一本彩色的英語畫冊，另附一

本中文說明，消費者可去函索閱。

消費者收到畫冊，會看到一個很有趣的故事，故事的內容是：

很久很久以前，在一個遙遠的地方，有一位很講究美食的國王。在皇家的御膳房中，有 位烹飪技藝高超的廚師，他所做的正餐、甜點都極受國王喜愛。

有一天，國王忽然發現餐點味道變差，將廚師叫來一問，才知道原來廚師的那雙巧手不知為何又紅又腫，當然做不出好餐點。國王立即命御醫醫治廚師，可惜無效，廚師被迫離開皇宮。

廚師流浪到森林中的某個小村落，幫助一位老人牧羊。他經常用手去撫摸羊身上的毛，漸漸發現手不痛了。後來，他又幫老人剪羊毛，手上的紅腫也逐漸消失，他欣喜若狂。離開牧羊老人返回京城時，遇到皇家貼出徵選廚師的告示。

於是，他前往應徵。他所做餐點備受國王讚賞，他知道自己的手恢復昔日的靈巧了。他被錄用了。當他剃除鬍鬚時，大家才知道他就是以前那名大廚師。

國工召見他，詢問他的手如何治癒。他回答，大概是用手不斷整理羊毛而無意中痊癒的。

根據這個線索，國王讓科學家仔細研究，結果發現，羊

毛中含有一種自然的油脂，提煉出來，具有治療皮膚病的功能，並由國王命名為「蘭麗」。

　　這個故事是由美國加州的蘭麗公司杜撰的，代理商巧妙地將其運用到自己的公關策略中。這個無中生有的故事，使蘭麗產品具有傳奇色彩，贏得顧客的喜愛。

55 關門捉賊

·典出

《三十六計·混戰計》

「小敵困之。剝，不利有攸往。」意指對弱小的敵軍採取四面圍困，聚而殲之的謀略。

戰國時期，秦國攻打趙國，在長平遇到趙國名將廉頗。廉頗採用固守策略，使得秦軍久攻不下長平。後趙王中離間計，調回廉頗，派趙括為將，赴長平與秦軍作戰。趙括完全改變廉頗堅守不戰的策略，主張與秦軍正面決戰。秦將白起使誘敵之計，包圍趙軍全，「關門捉賊」，終於殲滅趙國四十萬大軍。

在商場中，「關門捉賊」就是要抓住機會，「全線包圍」消費者，征服對方。必須注意的是，千萬不要「關門不成，誤被賊傷」。例如當企業捕捉到有利的市場訊息時，要先周密考慮企業自身的實力，使「賊」入籠子再徹底制伏。

事例一

設好圈套讓人鑽

石油大王洛克菲勒在構築他的「石油王國」時，吞併許多家石油公司，消滅許多競爭對手，而且經常主動出擊，設計圈套，「關門捉賊」。

當年，湖濱鐵路董事長華特森與賓夕法尼亞鐵路公司董事長斯科特，企圖獨霸鐵路運輸。為爭取有力的外援，華特森代表斯科特，專程去拜會洛克菲勒，提出「鐵路大聯盟」的計畫。洛克菲勒覺得機會來了，立刻與斯科特簽訂秘密協定，雙方聯合成立控股公司「南方改良公司」。

洛克菲勒答應全力支持斯科勒「鐵路大聯盟」的構想，聯合所有運輸石油的鐵路公司，與特定的石油業者合作，擊垮競爭對手。斯科特則任由洛克菲勒加入控股公司的石油企業，並逐一打敗被他拒之門外的石油公司。

於是，石油鐵路運費空前暴漲，一夕之間提高32倍。洛克菲勒對那些競爭對手首先「關」上鐵路運輸的「門」，讓他們無路可走，然後一一吞併，「捉賊」成功。

為了對付野心勃勃的斯科特，洛克菲勒同樣採取「關門

捉賊」的策略。當昔日的仇敵變成自己麾下的猛將時，洛克菲勒重新建立石油生產者聯盟，對不給予折扣的鐵路界宣戰，這個舉動頓時擊中斯科特的要害。他拜會斯科特的老對手范德比爾特和古爾德，三方結成聯盟，共同對付斯科特。他降低生產成本，向斯科特的根據地匹茲堡地區進行空前的大傾銷，迫使斯科特無路可走，乖乖投降，又一次「捉賊」成功。

最後，洛克菲勒以340萬美元的價格買下斯科特的全部企業，掌控整個大西洋沿岸的石油開採、運輸價格。

事例二

日本企業讓美國公司俯首稱臣

日本的松下和新力這兩家大公司，在將自己的產品推入美國市場，並與美國的同業進行競爭時，就採取這種策略旙關門捉賊。這種策略不僅使自己的產品在美國市場站穩腳跟，更順利擊敗競爭對手，使美國公司在這片領域中一蹶不振。

他們進入美國市場後，加強彼此之間的合作，在資金、

技術、資訊等方面，相互支援。他們共同研究美國市場的環境、網路格局、競爭特點，很快就對美國市場有了全面性的了解。經過技術方面的溝通與合作，他們成功地研發出異於美國兩大公司的錄影機、錄影帶，並以最快的速度投入市場。由於產品在價格、質量等方面優於美國，所以一上市，就引起消費者的關注。

除此之外，新力和松下還籌建在美國的銷售機構和生產據點，形成「關門」之勢。美國公司未及反應，新力和松下已經開始向美國企業，包括原來的代理商店發動最後攻勢，終於使美國企業在自己的國土上敗北。

1978年，美國無線電公司再也無力在錄影機和錄影帶上與日本公司競爭，不得不自動放棄碟式錄影機和錄影帶的研製，轉而從日本直接進口。

56 損之而益，益之而損

・典出

《道德經》

「故物或損之而益，或益之而損。」意指有時減少事物反而能使它增多，增加事物反而會使其減少。

在現代市場競爭中，「老王賣瓜，白賣自誇」的事情已經司空見慣，所有企業都盡全力美化自己的產品，誇大產品的優點。不過，有多少人會相信這種自誇的話呢？這時，若能自我貶抑，實際比較自己產品的優缺點，有時反而會得到顧客的信任，打開產品的銷路。這就是「損之而益，益之而損」的妙用。

事例一

「我的香煙抽死人」

有一位販賣香煙的英國老闆，因為生意蕭條而苦惱不已。他的朋友知道這件事，給他一個建議，結果商店門庭若市，銷量大增。

這位老闆為了賣出自己的香煙，在門口放了一個廣告牌，寫著「本店香煙價廉物美，保證尼古丁、焦油量含量為全國最低」。

他的朋友要他把廣告改成「請勿購買本店香煙，因為本店經營的捲煙中尼古丁、焦油量比其他店的含量高出千分之一」。另外，還接著寫上，某某人因抽自己商店的捲煙而死亡。

按照常理，消費者看到這則聳人聽聞的廣告應該會退避三舍，誰知正好相反，消費者看到這則廣告後紛紛到他的店裡購買捲煙。於是，他的生意日益興隆，重挫附近煙店的業績。

不是消費者不怕死，而是這則廣告「損之而益」，抓住消費者的心。看似自曝其短，家醜外揚，但這種以誠為本的態度，反而深深打動消費者，遠比嘩眾取寵的廣告更博得人們的信任。

事例二

「最糟糕的食品」

美國某家飯店在自己的店門外寫了一則廣告，吸引不少路人入內用餐。

廣告內容是「本飯店販賣最差的食品，由差勁的廚師烹調。每道菜裡絕對不放超過兩匙沙拉油，但一個月卻會生產三個200磅重的胖子。更可怕的是，已經有兩位先生在本店暴食而亡」。同時，還在飯店的招牌旁，用碩大的字體寫著：「最糟糕的食品」。

自稱「最糟糕的食品」，卻沒有使消費者敬而遠之，反而紛紛前來品嘗。

果然「不嘗不知道，一嘗忘不掉」。飯菜可口，讓人食欲大增。「最糟糕的食品」一傳十，十傳百，顧客湧入，生意蒸蒸日上。

這家飯店正是利用「損之而益，益之而損」的策略，贏得豐厚的利潤。

57 子可分光，無損子明

·典出

《史記·樗裡子甘茂列傳》

「臣聞貧人女與富人女會績。貧人女曰：『我無以買燭，而子之燭光幸有餘，子可分我餘光，無損子明，而得一斯便焉。』」比喻惠而不費地幫助別人。

古代有一個福威鏢局，有一天，老鏢頭問兒子：「你認為『福威』二字是什麼意思？」兒子舞動一把大刀，回答：「只有武藝高強，威風八面，才能財運亨通，福緣不斷。」老鏢頭搖搖頭說：「福威，福威，有福才有威，任憑你武藝高強，也難保雙拳不敵四手。多交朋友，少結冤家，才是福威鏢局常盛之道。」

這正說明「人和」的重要性。商場競爭雖然殘酷，但也應該盡可能維持「人和」。孤軍作戰，終究冒險。當自己有贏利的資本時，不妨分一些給人，有錢大家賺，這樣你就會少一個敵人，多一個朋友，在競爭中立於不敗之地。

事例一 ✐

新力公司的失敗

在台灣，錄影機市場有兩大系統：Beta系統和VHS系統。Beta系統是由擅長開發電子新技術的新力公司開發的，而VHS系統則是其競爭對手JVC公司的產品。

最初，新力憑藉自己的技術優勢率先開發出Beta系統，但新力犯了行銷戰略上的錯誤，它想壟斷全部錄影機的市場，不肯將技術與其他電子公司分享。其他電子公司迫於利益受到損害，只好聯合起來對付新力。它們與VHS公司合作開發出新系統VHS。

雖然Beta系統在生產的品質和技術上均領先VHS，但是JVC公司以公開VHS系統技術的方式與各大電子公司合作，分享開發成果，因此，在世界各地採用VHS系統的型號比採用Beta系統的型號多。如此一來，新力在初期雖然鶴立雞群，一枝獨秀，但很快就在市場上陷入孤軍奮戰的境地。

其他電子公司都採用VHS系統的型號，聯合眾家之力圍攻原本被新力獨佔的市場，先是蠶食，最後則是鯨吞。新力Beta系統的市場佔有率逐漸萎縮，而VHS因人多勢眾，聲勢

越來越大，市場佔有率反而後來居上。

雖然新力知道趨勢對它不利，但卻不甘心在這場大戰中認輸，反而投入更多資金，用於改良技術和加強廣告攻勢，可惜最後還是敗北。

1988年春天，新力終於向VHS系統認輸。

事例二

梅瑞公司「化敵為友」

在西方，企業與企業之間的競爭往往是「你死我活」，同行如冤家。然而，梅瑞公司卻未奉行這種嚴苛的競爭策略，而是採取「化敵為友」的行動。

美國紐約的梅瑞為協調自己與其他同行的關係，緩和彼此的矛盾，別出心裁地開設一間「諮詢服務亭」。「諮詢服務亭」的宗旨是：如果顧客在本公司沒有買到喜歡的商品，則它負責指引顧客到有此類商品的公司去購買，即把顧客推向自己的競爭對手。

「諮詢服務亭」不僅沒有趕走顧客，反而引來更多人。一些想購買奇特、貴重商品的顧客，因為不知該到何處去

買，專程前來梅瑞詢問「諮詢服務亭」。當然，公司琳琅滿
目的商品是不會讓他們空手離去的。

自開設「諮詢服務亭」以來，梅瑞與同業之間建立良好
的關係。競爭對手對於梅瑞的友好之舉都表示敬意。俗話
說：「投之以桃，報之以李。」對手甚至會主動上門與梅瑞
交換情報，梅瑞因此而鴻圖大展。

58 上下同欲

· **典出** ⊱

《孫子兵法 · 度攻篇》

「上下同欲者勝。」意指全軍上下一心，就能獲勝。

兩軍相鬥，爭戰廝殺，雖然決策權在將帥手中，但若想取得戰爭的最後勝利，仍然要依靠全體官兵的奮戰。軍隊的基礎在士兵，沒有全體士兵的奮戰，再高明的決策也難以實現，更無法取勝。因此，孫武把「上下同欲」當成勝道的一種，作為治軍作戰的重要規則。

戰國時期，燕昭王任用樂毅為上將，聯合六國之軍伐齊。燕昭王與樂毅目標一致。樂毅在前線征戰，燕昭王不但賞賜樂毅衣物，並派人帶大批禮物送給樂毅，立為齊王，以表信任。樂毅不受，回書向燕昭王表示誓死效忠。燕軍僅用半年時間，就連奪齊國七十餘城，僅餘二城未下。

若說「上下同欲」是軍隊得勝的法寶，那麼在現代企業競爭中，它同樣也是獲取市場的重要因素。企業經營的成

敗，決定因素是人。這裡所指的人，不僅是一個個體的人，而是一個人的集體。如果企業內部群體有良好的人際關係，它的智慧和功能就會增強，員工的活動效率就會產生「群體效應」，為公司帶來長足的發展。

事例一

將員工與公司綁在一起

縱觀寶潔公司的發展歷史，它是透過廣泛地運用灌輸核心思想、嚴格的適應制度和優越感來實現公司的整體價值。這樣它可以樹立員工統一的價值觀，將員工和公司緊緊地綁在一起。「上下同欲」讓寶潔一次又一次地攀上高峰。

寶潔長期精心篩選有潛力的雇員，雇用那些達到公司標準的年輕人，費心培養，使其適應公司的文化和作業模式，淘汰不適應的人，並且只提拔與公司一起成長的雇員，擔任中階和高階管理工作。

寶潔藉由辦理適應性培訓班，使新雇員適應公司情況，並鼓勵他們閱讀公司的傳記《著眼明天》。書中把該公司描述為「國家歷史的一個有機部分」、「具有傳統精神，又有

不變的特性」。這些傳統和特性的牢固基礎仍然是公司所提倡的原則和倫理道德─這正是公司的創辦者們一再強調的東西，而且已經變成一種永恆的傳統。公司內部的出版品、經理們的談話和正式的介紹材料，都在強調寶潔的歷史、價值觀和傳統。

寶潔的嚴格適應制度適用於公司在各國、各地和全球所有文化背景中的各個部分。某位從商學院畢業後直接到寶潔在歐洲和亞洲的部門工作的前職員說道：「寶潔的文化延伸到全球各個角落。到海外，有人明確告訴我，我必須先適應寶潔的文化，其次才是適應國家的文化。屬於寶潔，等於屬於國家本身。」

寶潔總裁約翰·斯梅爾說過：「遍佈全球的寶潔人員休戚與共。儘管存在文化和個性差異，但我們說的是同一種語言。當我們遇到寶潔的人時─無論他們是在波士頓負責銷售，在艾佛里戴爾技術中心負責產品開發，或是在羅馬管理委員會任職─我還是覺得我在同一類型的人說話，我認識的人、我所信任的人─寶潔的人─在談話。」

寶潔正是這樣把員工與公司緊緊綁在一起，任何時候都能夠上下一心，平安度過市場競爭的高低潮。

事例二 ✍

企業如家

　　松下電器是日本最大的家用電器生產廠商之一，其分公司遍佈全世界，有「松下電器王國」之稱。目前，松下電器已擁有20多萬名員工，年銷售額達24000多億日元，純利潤達1000億日元，被列為世界最大的50家公司之一。松下電器能有如此輝煌的成就，與松下幸之助的「企業如家」的管理精神有關。

　　松下幸之助認為，任何一個企業要想創造非凡的業績，須賴全體員工的勤奮努力、合作進取。因此，他在公司的生產經營活動中，時刻不忘培養員工愛自己的企業，培養員工對企業的歸屬感。

　　首先，松下幸之助親自填寫一首歌當成廠歌，歌詞是「為了建設新日本，要貢獻智慧和力量，要盡力增加生產，讓產品行銷世界，像泉水源源湧出，大家要精誠團結，松下電器萬歲。」他要求每個員工都要把廠歌當成自己的座右銘，引導自己的行動。松下的員工每天上下班都要高唱廠歌，堅守崗位。

其次，建立民主和諧的氣氛，讓員工能夠快樂地工作。松下幸之助規定，如果員工對公司有所不滿，可以自由地提意見。而他本人對自己的缺點和公司的問題也從不遮掩，並且經常徵求員工的意見。

第三，松下幸之助還特別重視對年輕人的培養工作。他把公司的興旺發達全部寄託在人才上面。他認為，人對於企業來說，應該放在第一位，培養人才必須先於生產，做到人盡其才，才盡其用。對公司培養出來的骨幹，不分資歷、經驗，只要可以信賴，一律重用。

上述的種種做法，果然讓員工產生「企業如家」的感覺，增強公司的凝聚力，做到「上下同欲」。這樣團結奮進的員工，自然能夠使企業不斷地成長。

大都會文化圖書目錄

● 度小月系列

路邊攤賺大錢 1【搶錢篇】	280元	路邊攤賺大錢 2【奇蹟篇】	280元
路邊攤賺大錢 3【致富篇】	280元	路邊攤賺大錢 4【飾品配件篇】	280元
路邊攤賺大錢 5【清涼美食篇】	280元	路邊攤賺大錢 6【異國美食篇】	280元
路邊攤賺大錢 7【元氣早餐篇】	280元	路邊攤賺大錢 8【養生進補篇】	280元
路邊攤賺大錢 9【加盟篇】	280元	路邊攤賺大錢10【中部搶錢篇】	280元
路邊攤賺大錢11【賺翻篇】	280元		

● DIY系列

路邊攤美食DIY	220元	嚴選台灣小吃DIY	220元
路邊攤超人氣小吃DIY	220元	路邊攤紅不讓美食DIY	220元
路邊攤流行冰品DIY	220元		

● 流行瘋系列

跟著偶像FUN韓假	260元	女人百分百－男人心中的最愛	180元
哈利波特魔法學院	160元	韓式愛美大作戰	240元
下一個偶像就是你	180元	芙蓉美人泡澡術	220元

● 生活大師系列

魅力野溪溫泉大發見	260元	寵愛你的肌膚：從手工香皂開始	260元
遠離過敏：打造健康的居家環境	280元	這樣泡澡最健康－紓壓、排毒、瘦身三部曲	220元
台灣珍奇廟－發財開運祈福路	280元	兩岸用語快譯通	220元
舞動燭光－手工蠟燭的綺麗世界	280元	空間也需要好味道－打造天然香氛的68個妙招	260元
雞尾酒的微醺世界－調出你的私房Lounge Bar風情	250元	野外泡湯趣－魅力野溪溫泉大發見	260元

● 寵物當家系列

Smart養狗寶典	380元	Smart養貓寶典	380元
貓咪玩具魔法DIY：讓牠快樂起舞的55種方法	220元	愛犬造型魔法書：讓你的寶貝漂亮一下	260元
寶貝漂亮在你家－寵物流行精品DIY	220元	我的陽光‧我的寶貝－寵物真情物語	220元
找家有隻麝香豬－養豬完全攻略	220元		

● 人物誌系列

現代灰姑娘	199元	黛安娜傳	360元
船上的365天	360元	優雅與狂野－威廉王子	260元
走出城堡的王子	160元	殞逝的英格蘭玫瑰	260元
貝克漢與維多利亞－新皇族的真實人生	280元	幸運的孩子－布希王朝的真實故事	250元
瑪丹娜－流行天后的真實畫像	280元	紅塵歲月－三毛的生命戀歌	250元

風華再現一金庸傳	260元	俠骨柔情一古龍的今生今世	250元
她從海上來一張愛玲情愛傳奇	250元	從間諜到總統一普丁傳奇	250元
脫下斗篷的哈利－丹尼爾‧雷德克里夫	220元		

● 心靈特區系列

每一片刻都是重生	220元	給大腦洗個澡	220元
成功方與圓一改變一生的處世智慧	220元	轉個彎路更寬	199元
課本上學不到的33條人生經驗	149元	絕對管用的38條職場致勝法則	149元
從窮人進化到富人的29條處事智慧	149元		

● SUCCESS系列

七大狂銷戰略	220元	打造一整年的好業績一店面經營的72堂課	200元
超級記憶術一改變一生的學習方式	199元	管理的鋼盔一商戰存活與突圍的25個必勝錦囊	200元
搞什麼行銷	220元	精明人聰明人明白人一態度決定你的成敗	200元
人脈=錢脈一改變一生的人際關係經營術	180元	週一清晨的領導課	160元
搶救貧窮大作戰的48條絕對法則	220元	搜精‧搜驚‧搜金－從Google的致富傳奇中,你學到了什麼?	199元
絕對中國製造的58個管理智慧	200元	客人在哪裡?決定你的業績倍增的關鍵細節	200元

● 都會健康館系列

秋養生一二十四節氣養生經	220元	春養生一二十四節氣養生經	220元
夏養生一二十四節氣養生經	220元	冬養生一二十四節氣養生經	220元

● CHOICE系列

入侵鹿耳門	280元	蒲公英與我一聽我說說畫	220元
入侵鹿耳門(新版)	199元	舊時月色(上+下輯)	各180元

● FORTH系列

印度流浪記一滌盡塵俗的心之旅	220元	胡同面孔一古都北京的人文旅行地圖	280元
尋訪失落的香格里拉	240元		

● 禮物書系列

印象花園 梵谷	160元	印象花園 莫內	160元
印象花園 高更	160元	印象花園 竇加	160元
印象花園 雷諾瓦	160元	印象花園 大衛	160元
印象花園 畢卡索	160元	印象花園 達文西	160元
印象花園 米開朗基羅	160元	印象花園 拉斐爾	160元
印象花園 林布蘭特	160元	印象花園 米勒	160元
絮語說相思 情有獨鍾	200元		

大都會文化圖書目錄

● 工商管理系列

二十一世紀新工作浪潮	200元	化危機為轉機	200元
美術工作者設計生涯轉轉彎	200元	攝影工作者快門生涯轉轉彎	200元
企劃工作者動腦生涯轉轉彎	220元	電腦工作者滑鼠生涯轉轉彎	200元
打開視窗說亮話	200元	文字工作者撰錢生活轉轉彎	220元
挑戰極限	320元	30分鐘行動管理百科（九本盒裝套書）	799元
30分鐘教你自我腦內革命	110元	30分鐘教你樹立優質形象	110元
30分鐘教你錢多事少離家近	110元	30分鐘教你創造自我價值	110元
30分鐘教你Smart解決難題	110元	30分鐘教你如何激勵部屬	110元
30分鐘教你掌握優勢談判	110元	30分鐘教你如何快速致富	110元
30分鐘教你提昇溝通技巧	110元		

● 精緻生活系列

女人窺心事	120元	另類費洛蒙	180元
花落	180元		

● CITY MALL系列

別懷疑！我就是馬克大夫	200元	愛情詭話	170元
唉呀！真尷尬	200元		

● 親子教養系列

孩童完全自救寶盒（五書+五卡+四卷錄影帶）	3,490元（特價2,490元）
孩童完全自救手冊-這時候你該怎麼辦（合訂本）	299元
我家小孩愛看書─Happy學習easy go！	220元

● 新觀念美語

NEC新觀念美語教室	12,450元（八本書+48卷卡帶）

您可以採用下列簡便的訂購方式：

◎請向全國鄰近之各大書局或上大都會文化網站www.metrobook.com.tw選購。

◎劃撥訂購：請直接至郵局劃撥付款。

帳號：14050529

戶名：大都會文化事業有限公司

（請於劃撥單背面通訊欄註明欲購書名及數量）

絕對
中國製造 的
58個 管理智慧

編　　著	王元平
發 行 人	林敬彬
主　　編	楊安瑜
編　　輯	施雅棠
封面設計	粉橘鮭魚
內頁設計	N2Design Studio　黃若軒

出　　版　大都會文化　行政院新聞局北市業字第89號
發　　行　大都會文化事業有限公司
　　　　　110台北市基隆路一段432號4樓之9
　　　　　讀者服務傳真：（02）27235220
　　　　　讀者服務專線：（02）27235216
　　　　　電子郵件信箱：metro@ms21.hinet.net
　　　　　網址：www.metrobook.com.tw
　　　　　Metropolitan Culture Enterprise Co., Ltd.
　　　　　4F-9, Double Hero Bldg., 432, Keelung Rd., Sec. 1,
　　　　　Taipei 110, Taiwan
　　　　　TEL:+886-2-2723-5216　FAX:+886-2-2723-5220
　　　　　e-mail:metro@ms21.hinet.net
　　　　　Website:www.metrobook.com.tw

郵政劃撥　14050529　大都會文化事業有限公司
出版日期　2005年12月初版第1刷
定　　價　200元
I S B N　986-7651-51-0
書　　號　Success-011

國家圖書館預行編目資料

絕對中國製造的58個管理智慧 / 王元平編著.
-- 初版. -- 臺北市：大都會文化, 2005〔民94〕
面；　公分. -- (Success；011)
ISBN 986-7651-51-0(平裝)
1. 企業管理 - 通俗作品
494　　　　　　　　　　94017377

絕對

中國製造 的

58 個 管理智慧

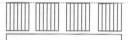

北區郵政管理局
登記證北台字第9125號
免　貼　郵　票

大都會文化事業有限公司
讀者服務部收
110 台北市基隆路一段432號4樓之9

大都會文化 讀者服務卡

書號：Success-011　絕對中國製造的58個管理智慧

謝謝您選擇了這本書！期待您的支持與建議，讓我們能有更多聯繫與互動的機會。日後您將可不定期收到本公司的新書資訊及特惠活動訊息。

A.您在何時購得本書：_____年_____月_____日

B.您在何處購得本書：_____書店(便利超商、量販店)，位於_____(市、縣)

C.您從哪裡得知本書的消息：1.□書店 2.□報章雜誌 3.□電台活動 4.□網路資訊5.□書籤宣傳品等 6.□親友介紹 7.□書評 8.□其他_____

D.您購買本書的動機：（可複選)1.□對主題或內容感興趣 2.□工作需要 3.□生活需要 4.□自我進修 5.□內容為流行熱門話題6.□其他_____

E.您最喜歡本書的（可複選）：1.□內容題材 2.□字體大小 3.□翻譯文筆 4.□封面 5.□編排方式 6.□其它

F. 您認為本書的封面：1.□非常出色2.□普通3.□毫不起眼 4.□其他_____

G.您認為本書的編排：1.□非常出色2.□普通3.□毫不起眼 4.□其他_____

H.您通常以哪些方式購書：(可複選)1.□逛書店 2.□書展 3.□劃撥郵購 4.□團體訂購5.□網路購書 6.□其他_____

I. 您希望我們出版哪類書籍：（可複選)1.□旅遊 2.□流行文化3.□生活休閒 4.□美容保養 5.□散文小品 6.□科學新知 7.□藝術音樂 8.□致富理財 9.□工商企管10.□科幻推理 11.□史哲類 12.□勵志傳記 13.□電影小說 14.□語言學習（____語)15.□幽默諧趣 16.□其他_____

J.您對本書(系)的建議：_____
_____

K.您對本出版社的建議：_____
_____

讀者小檔案

姓名：_____　性別：□男 □女　生日：_____年_____月_____日

年齡：□20歲以下□21～30歲□31～40歲□41～50歲□51歲以上

職業：1.□學生 2.□軍公教 3.□大眾傳播 4.□服務業 5.□金融業 6.□製造業
　　　7.□資訊業 8.□自由業 9.□家管 10.□退休 11.□其他_____

學歷：□ 國小或以下 □ 國中 □ 高中／高職 □ 大學／大專 □ 研究所以上

通訊地址_____

電話：（H)_____（O)_____　傳真：_____

行動電話：_____　E-Mail：_____

◎謝謝您購買本書，也歡迎您加入我們的會員，請上大都會文化網站

www.metrobook.com.tw登錄您的資料，您將會不定期收到最新圖書優惠資訊及電子報。

大都會文化
METROPOLITAN CULTURE